基于遥测数据的卫星电源系统健康管理技术

程富强 郭小红 袁线 付枫 李卉 著

国防工业出版社

·北京·

内 容 简 介

本书系统论述了基于遥测数据的卫星电源分系统健康管理的基本概念、内涵及应用技术。第1~3章阐述了航天器电源分系统基本理论、故障诊断常用方法、遥测数据预处理方法以及机器学习的基本概念，介绍了与健康管理密切相关的故障诊断与预测技术的基本特性和理论；第4~7章详细论述了基于卫星动态门限、形态图谱、深度学习以及边缘算子的异常检测技术，介绍了采用机器学习模型进行遥测数据异常检测的基本方法；第8~10章阐述了基于遥测数据采用Thevenin模型、Rint模型进行卫星蓄电池性能评估的方法，介绍了一种基于最大功率点追踪技术的卫星同位素电源管理系统研制与性能测试方法；第11章介绍了本书中主要的机器学习模型在不同软件平台上的实现代码，涵盖了当前主要的机器学习框架；第12章对本书研究工作进行了总结和展望。

本书理论与实践相结合，理论性强，实用性好，具有很高的针对性，既可作为卫星长期管理工程技术人员的培训教材，也可作为高等院校相关专业的教学用书。

图书在版编目(CIP)数据

基于遥测数据的卫星电源系统健康管理技术/程富强等著. --北京：国防工业出版社，2025.3. -- ISBN 978-7-118-13219-9

I. V423.4

中国国家版本馆CIP数据核字第2025D821J3号

※

国防工业出版社出版发行

（北京市海淀区紫竹院南路23号　邮政编码100048）
雅迪云印（天津）科技有限公司印刷
新华书店经销

*

开本 710×1000　1/16　插页4　印张15¼　字数280千字
2025年3月第1版第1次印刷　印数1—1500册　定价98.00元

（本书如有印装错误，我社负责调换）

国防书店：(010)88540777	书店传真：(010)88540776
发行业务：(010)88540717	发行传真：(010)88540762

前言 PREFACE

在轨卫星属于复杂装备的一种,不同卫星搭载着不同的有效载荷以承担相应任务。随着卫星系统日益复杂化和大型化,一旦出现故障,后果十分严重。卫星的工作环境和其本身的复杂性易导致故障频发,甚至危及正常运行。基于此,卫星的故障预测与健康管理技术已成为各国研究的重点。卫星电源分系统发生故障,轻则导致卫星载荷无法工作,不能完成通信、探测等既定任务,重则会使得整星失效,造成巨大经济损失甚至影响太空环境安全。

本书针对卫星电源分系统健康管理技术需求,充分利用卫星传回地面的丰富遥测数据,结合机器学习技术的数据驱动特点,在分析卫星电源分系统故障基本理论与特点的基础上,研究并建立了多种卫星电源分系统异常检测模型,综合单参数检测与多参数检测方式,在典型卫星参数数据集与故障案例数据集上进行大量测试,取得了良好效果。此外,本书还提出了卫星蓄电池内阻评估方法,以及基于 Thevenin 模型的蓄电池多个重要参数评估技术,使用真实在轨遥测数据对模型进行适用性分析。相关工作可为卫星遥测参数的异常检测应用提供理论依据,为提高卫星蓄电池性能评估准确性和可靠性提供一种可行的技术方案。

中国西安卫星测控中心程富强编写了第 3、4、8~10 章,郭小红编写了第 1、2、6 章,袁线编写了第 7 章,付枫编写了第 5 章,李卉编写了第 11、12 章。另外,胡绍林、高宇、许静文、冯冰清和郭文明对本书编写的工作提供了大力支持,在此表示衷心的感谢。

卫星健康管理技术发展很快,包含了许多新的内容。由于作者水平有限,书中不足之处在所难免,敬请读者批评指正。

作者
2025 年 2 月

目录 CONTENTS

第一篇　基础理论

第1章　绪论 ··· 003

1.1　研究背景及意义 ··· 003
1.2　航天器电源分系统基本理论 ································· 004
  1.2.1　电源分系统基本构成 ································· 004
  1.2.2　电源分系统常见故障 ································· 004
  1.2.3　蓄电池分类及主要性能参数 ····················· 005
1.3　卫星故障预测与健康管理技术 ···························· 008
  1.3.1　卫星故障预测与健康管理基本框架 ········· 008
  1.3.2　卫星PHM关键技术 ··································· 008
1.4　卫星异常检测技术 ··· 009
  1.4.1　异常报警技术 ·· 010
  1.4.2　故障诊断技术 ·· 012
1.5　国内外研究现状与发展趋势 ································· 020
  1.5.1　国内外研究现状 ·· 020
  1.5.2　发展趋势与存在的差距 ···························· 021
1.6　研究内容与结构安排 ··· 022
参考文献 ··· 024

第2章　卫星遥测数据预处理技术 ····························· 026

2.1　卫星遥测数据特征分析 ··· 026
  2.1.1　卫星遥测数据 ·· 026
  2.1.2　卫星遥测数据的分类 ································ 027
2.2　卫星遥测数据预处理方法 ···································· 027
  2.2.1　野值处理 ·· 027

2.2.2　数据的填补方法 ……………………………………………………… 040
　　　2.2.3　数据归一化 …………………………………………………………… 044
2.3　本章小结 ………………………………………………………………………… 045
参考文献 ……………………………………………………………………………… 046

第3章　机器学习基本理论及模型 …………………………………………………… 047

3.1　机器学习基本理论 ……………………………………………………………… 047
3.2　有监督学习 ……………………………………………………………………… 048
　　　3.2.1　神经网络模型 …………………………………………………………… 048
　　　3.2.2　支持向量机模型 ………………………………………………………… 053
　　　3.2.3　随机森林模型 …………………………………………………………… 059
　　　3.2.4　朴素贝叶斯模型 ………………………………………………………… 062
3.3　无监督学习 ……………………………………………………………………… 063
　　　3.3.1　主成分分析 ……………………………………………………………… 064
　　　3.3.2　K-means 聚类 …………………………………………………………… 066
　　　3.3.3　自组织特征映射神经网络 ……………………………………………… 068
3.4　本章小结 ………………………………………………………………………… 070
参考文献 ……………………………………………………………………………… 070

第二篇　异常检测

第4章　基于动态阈值的异常检测方法 ……………………………………………… 073

4.1　机器学习模型的样本建立 ……………………………………………………… 073
4.2　动态阈值生成方法 ……………………………………………………………… 074
　　　4.2.1　评价函数 ………………………………………………………………… 075
　　　4.2.2　生成过程 ………………………………………………………………… 075
　　　4.2.3　试验测试 ………………………………………………………………… 076
4.3　机器学习模型的对比 …………………………………………………………… 078
　　　4.3.1　周期型稳态参数 ………………………………………………………… 078
　　　4.3.2　周期型递进参数 ………………………………………………………… 081
4.4　本章小结 ………………………………………………………………………… 085
参考文献 ……………………………………………………………………………… 085

第5章　基于形态图谱的异常检测方法 ……………………………………………… 086

5.1　遥测数据周期切分预处理 ……………………………………………………… 086

5.1.1　遥测数据周期切分流程 ·············· 086
　　5.1.2　遥测数据周期切分示例 ·············· 088
5.2　形态特征提取与监测 ················ 090
　　5.2.1　系统架构 ···················· 091
　　5.2.2　主要技术步骤 ·················· 091
　　5.2.3　试验结果分析 ·················· 094
5.3　监测结果聚类可视化 ················ 096
　　5.3.1　聚类可视化流程 ················· 096
　　5.3.2　运行示例分析 ·················· 098
5.4　本章小结 ······················ 100
参考文献 ························· 100

第6章　基于深度学习的异常检测方法 ············ 101

6.1　基于长短期记忆的异常状态检测模型 ·········· 101
　　6.1.1　LSTM模型基本原理 ················ 101
　　6.1.2　卫星异常检测设计思路 ·············· 102
　　6.1.3　试验测试与分析 ················· 104
6.2　基于生成式对抗网络的异常检测模型 ··········· 107
　　6.2.1　基于最大似然估计的生成式对抗网络模型 ······ 108
　　6.2.2　生成式对抗网络的训练策略 ············ 110
　　6.2.3　基于GAN的卫星电源单参数异常检测设计思路 ···· 112
　　6.2.4　试验测试与分析 ················· 113
6.3　本章小结 ······················ 117
参考文献 ························· 118

第7章　基于边缘算子的异常检测方法 ············ 119

7.1　基于密度的局部异常因子检测方法 ············ 119
　　7.1.1　异常检测方法 ·················· 119
　　7.1.2　局部异常因子算法 ················· 122
7.2　时间序列的模式表示 ················· 125
　　7.2.1　时间序列 ···················· 125
　　7.2.2　模式表示 ···················· 126
7.3　基于边缘算子的时间序列模式异常检测算法 ········ 127
　　7.3.1　边缘算子 ···················· 127
　　7.3.2　时间序列的时态边缘算子模式表示 ·········· 128
　　7.3.3　基于时态边缘算子表示的时间序列异常检测算法 ···· 129

7.4 试验结果及分析 ……………………………………………………… 129
7.5 本章小结 ……………………………………………………………… 133
参考文献 …………………………………………………………………… 134

第三篇 性能评估

第8章 基于 Thevenin 模型的卫星蓄电池性能参数评估方法 …… 137
8.1 电池分析及评估模型相关理论 ………………………………………… 137
    8.1.1 Rint 模型 ………………………………………………………… 137
    8.1.2 Thevenin 模型 …………………………………………………… 138
    8.1.3 PNGV 模型 ……………………………………………………… 139
8.2 模型适应性分析 ………………………………………………………… 140
8.3 基于最小二乘辨识法的 Thevenin 模型参数辨识 …………………… 141
8.4 Thevenin 模型适用性测试 ……………………………………………… 142
    8.4.1 基本方法 ………………………………………………………… 142
    8.4.2 不同建模时长对比 ……………………………………………… 143
    8.4.3 不同年份测试 …………………………………………………… 149
8.5 卫星蓄电池重要参数计算及评估 ……………………………………… 153
    8.5.1 卫星蓄电池1重要参数计算及评估 …………………………… 153
    8.5.2 卫星 D 蓄电池2重要参数计算及评估 ………………………… 158
8.6 小结 ……………………………………………………………………… 163
参考文献 …………………………………………………………………… 163

第9章 基于 Rint 模型的卫星蓄电池内阻评估方法 ………………… 164
9.1 蓄电池内阻 ……………………………………………………………… 164
9.2 基于 Rint 模型的蓄电池内阻计算 …………………………………… 165
    9.2.1 卫星蓄电池 Rint 模型 …………………………………………… 165
    9.2.2 Rint 模型算法验证 ……………………………………………… 166
9.3 某高轨卫星电源内阻计算结果及分析 ………………………………… 169
    9.3.1 计算可行性分析 ………………………………………………… 169
    9.3.2 某高轨卫星蓄电池1内阻分析评估 …………………………… 170
    9.3.3 某高轨卫星蓄电池2内阻分析评估 …………………………… 174
9.4 某低轨卫星蓄电池内阻计算结果及分析 ……………………………… 175
    9.4.1 计算可行性分析 ………………………………………………… 176
    9.4.2 Ha 星蓄电池内阻分析评估 …………………………………… 176
    9.4.3 Hb 星蓄电池内阻分析评估 …………………………………… 177

9.5 本章小结 ·········· 178
参考文献 ·········· 178

第10章 基于最大功率点追踪技术的卫星同位素电源管理系统设计与性能评估 ·········· 179

10.1 热电材料及其模块性能 ·········· 180
  10.1.1 多晶碲化铋基热电材料 ·········· 180
  10.1.2 温差发电模块 ·········· 181
10.2 热电堆输出性能试验测试系统 ·········· 182
10.3 热电堆输出特性 ·········· 182
10.4 电源管理系统设计 ·········· 184
  10.4.1 系统设计方案 ·········· 184
  10.4.2 DC/DC 变换电路 ·········· 184
  10.4.3 最大功率点追踪算法和系统结构 ·········· 186
10.5 测试结果与分析 ·········· 188
  10.5.1 温度条件稳定时 ·········· 188
  10.5.2 温度条件变化时 ·········· 189
10.6 本章小结 ·········· 191
参考文献 ·········· 192

第四篇　软件实现

第11章 流行的机器学习平台及代码实现 ·········· 195

11.1 Python 环境下机器学习方法 ·········· 195
  11.1.1 数据分析工具 Pandas 简介 ·········· 195
  11.1.2 利用 Pandas 进行遥测数据分析 ·········· 195
  11.1.3 构建形态图谱检测模型 ·········· 197
11.2 Java 环境下机器学习方法介绍 ·········· 206
  11.2.1 Joone 机器学习库 ·········· 206
  11.2.2 Joone 基本使用方法 ·········· 207
  11.2.3 BP 神经网络对遥测数据建模 ·········· 211
11.3 TensorFlow 深度学习框架与 GAN 网络 ·········· 219
  11.3.1 TensorFlow ·········· 219
  11.3.2 TensorFlow 基本概念 ·········· 219
  11.3.3 构建 GAN 模型 ·········· 220

11.4 本章小结 ………………………………………………………………… 232
参考文献 ……………………………………………………………………… 232

第 12 章 结语 ……………………………………………………………… 233

12.1 研究工作总结 …………………………………………………………… 233
12.2 下一步工作展望 ………………………………………………………… 234

第一篇

基础理论

第1章 绪　论

1.1　研究背景及意义

随着市场经济、科技发展、国防安全等对航天技术依赖程度的逐渐增加,功能密度高、技术性能强的现代卫星成为各国研究的重点和热点,卫星的功能遍及国计民生的各个部分,从战场情报侦察到全球地理普查,再到现在人们必不可少的网络娱乐及远程通话,卫星都发挥了重要作用。卫星导航系统具有高精度、全天时、高覆盖等技术特点,给社会生活带来了极大的便利。卫星以其巨大的优势,在人们的生活中扮演着越来越重要的角色,并引起了人们的广泛关注。但是,由于空间环境的不确定性以及卫星本身的复杂性,在轨卫星的运行异常或系统故障是很难避免的。卫星是投资巨大的复杂系统,既包括精密的电子部件也包括精细的机械部件。小部件的异常(如温度偏高)或损坏,如果不能及时处置,将会出现一系列的故障问题,这些问题的出现可能会使卫星损坏,其所带来的太空安全方面的问题是不可预测的,目前这方面的研究逐渐发展成为研究的重点内容。

进行故障预测或评估研究主要目的是使得系统稳定运行,并且可以正常运转而不受影响,能够有效安全运行的关键保障手段和方法。结合设备情况分析,与其可靠性等一并检测,能够实时地进行设备寿命检测工作,进而能够获取设备使用时限信息,在使用到期之前能够有所告警提示,确保主要设备安全可靠运转,保障设备效率,具有重要的工程意义和经济价值。由于卫星自主化、智能化程度不断提高,以及在轨卫星应用的推广,未来的卫星故障诊断和维修技术必然是面向复杂的、非预期的、微小的在轨故障,这些趋势给卫星健康带来了很多挑战。故障预测与健康管理(prognostics and health management,PHM)技术为在轨卫星管理和应用效能发挥提供了有效的解决方案。

1.2 航天器电源分系统基本理论

1.2.1 电源分系统基本构成

在轨航天器电源分系统是用于产生电能,以及存储、转换、调节和分配电能的子系统。其能够将能量进行转换,主要是对太阳能以及化学能源进行电能转化处理,并根据需要为航天器各子系统提供电能,保证航天器其余设备的正常工作。电源往往是系统的关键所在,在实际研发时,与电源分系统有关的一半以上故障都被定义为一级故障,在轨运行阶段,电源分系统的健康状态更是整个航天器的寿命周期的决定性因素。

一般来说,航天器电源分系统中的电源主要包括太阳能方式或化学方式的电源以及核电源等。而电源分系统中的电源控制器是指为使系统正常工作,持续向其他分系统供电,而对电源起到保护调节作用的设备。

电源控制器主要包括自动控制装置(如太阳电池阵和蓄电池组联合电源的太阳翼展开机构、控制太阳翼保持对日定向的设备、蓄电池充放电开关等)、功率调节装置(可以针对太阳能等进行相应的调节处理也可以进行放大等操作)、热控装置、接口装置、防护设施等。电源变换器,如直流/直流变换器、直流/交流变换器等将电源产生的电能转换成各子系统可使用的形式。电源配电器是根据各分系统的用电需求分配电力,并根据指令对用电设备进行实时控制,保持总体电量平衡。电缆网主要是指负责供电的网络。

目前,在航天器电源设计时经常使用的是太阳能电池和蓄电池组联合电源。本章就以此种联合系统为例讨论电源分系统的故障问题。其主要结合蓄电池、太阳能电池以及控制器等组件进行工作。电源控制器由多种设备组成,如充放电调节器、蓄电池再调整器、太阳翼等,主要完成控制处理等工作。电源主要针对航天器完成长期连续供电作用。

如果有光照,往往由太阳能电池供电;在阴影区,太阳电池阵无法产生电能,由蓄电池组供电。由于航天器轨道的不同、不同种类航天器对功率需求的差异以及整星结构及质量约束等,航天器电源分系统会采用多种拓扑结构。根据电力传输模式,其可以分为直接能量传输型和母线调节型。

1.2.2 电源分系统常见故障

传感器是航天器各分系统的重要组成部分,各部件即整个系统的状态都由各类传感器实时监测,并随遥测数据通过遥测链路下传到地面测控管理单位,通过传感器反馈的信息,地面系统或专业人员可以进行实时或事后分析,并判断星上状态是否正常。电源分系统故障涉及组成系统的各组件及部件,如太阳电池阵、蓄电池组、电源控制电路、继电开关等。电源分系统异常的原因有多种,例如:电源下位机受单粒子翻转效应影响,导致下位机复位甚至死机;太阳电池片的焊接工艺不精导致太阳电池阵掉电、太阳帆板电流过小、充电电压异常等;蓄电池组线路老化造成蓄电池开路、温度异常、母线电压异常、放电电流异常等。电源分系统故障类型比例如图1-1所示。

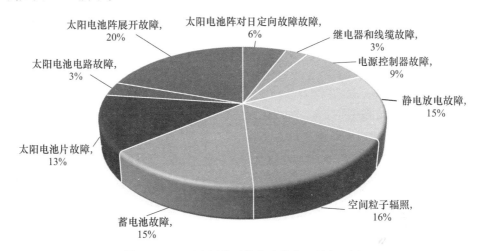

图1-1 卫星电源分系统常见故障及所占比例

每种设备的具体故障又可以进一步划分为不同类型的故障模式,如蓄电池的具体故障包括以下四种类型:

(1)蓄电池单体短路会出现失效故障;
(2)蓄电池单体开路会出现失效故障;
(3)蓄电池内阻增大会出现性能衰退;
(4)如果蓄电池极板出现故障则会使蓄电池失效。

1.2.3 蓄电池分类及主要性能参数

现阶段在轨航天器常用的蓄电池组按照其组成材料主要分为以下三类:

(1)镉镍蓄电池组。镉镍蓄电池组在长寿命航天器上应用广泛,使用可靠,尤其在中小功率、中低压母线的航天器上。目前,国内已经形成了6~70A·h范围内多个系列的单体电池,在航天器,尤其是早期航天器上应用广泛。为了适应复杂多变的恶劣空间环境,镉镍蓄电池组大部分使用烧结电极以及全密封结构来保证能源的高效转化、设备稳定运行以及系统长寿命运转。

(2）氢镍蓄电池组。氢镍蓄电池组主要结合氧化镍进行供电,其负极能够产生氢气。氢镍蓄电池组与镉镍蓄电池组相比,在比能量、放电深度以及整个寿命周期内的充放电循环次数上都占有优势。另外,其容量也可以做得更大,这在大功率航天器上尤为重要。其缺点是成本高,自放电速度较快,充电末期热耗较大;另外,氢镍蓄电池组的构型比较特殊,对安装面的要求更加苛刻。氢镍蓄电池组在国外应用已经成熟,国内应用尤其在高轨航天器方面也已经推广使用。

（3）锂离子蓄电池组。锂离子蓄电池组的正、负极往往添加活性物质,并且结合蓄电池进行供电处理,锂离子蓄电池有以下显著的优点：

（1）一般加入较多的镉镍,较少的氢镍；

（2）单体放电电压高,为镉镍和氢镍放电电压的3倍；

（3）自放电率低,一般小于0.1%；

（4）无记忆效应；

（5）充电安时效率高,在95%以上；

（6）工作温度范围宽,为 $-5 \sim 30℃$。

锂离子蓄电池组的缺点是耐过充特性差,要严格控制过充。这种电池属于新型的能源类型,往往在航天器上进行应用供电,尤其在深空探测、星际旅行方面。

三种蓄电池主要电性能对比如表1-1所列。

表1-1 三种蓄电池主要电性能对比

电池类型	镉镍蓄电池	氢镍蓄电池	锂离子蓄电池
单体工作电压/V	1.2	1.25	3.8
质量比能量/(W·h/kg)	40	60	120
体积比能量/(W·h/m³)	120	100~200	300
放电倍率/C	0.5	1	>1.5
自放电率/%	20	30	10
记忆效应	明显	轻微	无
工作温度/℃	-5~20	-5~20	-5~30

电池对于卫星能源系统至关重要,其工作状态、性能指标、剩余寿命等往往决定了整个航天器的有效存活期,因此蓄电池的寿命预测及健康管理是航天器PHM领域的重点研究课题。在线进行蓄电池性能评估可得到电池在不同荷电状态(SOC)下的充放电能力,最优匹配电池组和载荷性能之间的关系是电池管理和剩余电量预测的核心和基础。在正常供电的情况下最大限度合理利用电池、延长其使用寿命是航天器健康管理的关键。然而,在卫星实际运行中,环境及工作的复杂性造成了频繁多样的电池充放电过程,在轨使用中,温度等多变的环境因素会对蓄电池性能产生复杂的影响。电池往往不是稳定的装置,其内部会发生化学反应并且电子不断进行转移,而电解质方面的变化,往往不具备线性的特征。因此,准确

评估在轨卫星蓄电池性能非常困难。

表征蓄电池性能的参数如下。

(1) 荷电状态(SOC)：可以结合百分比进行电量考虑,用来说明剩余电量的概念,可用多种方法对其进行评估。安时积分法需要知道电量初始值,由于电流测量累积误差的影响,使得长期估计值偏差会逐渐放大、失去可信度,操作较为烦琐,实用性不强。开路电压法和内阻法需要利用开路电压、内阻与 SOC 的对应关系,得到 SOC 结果。电池在使用时,需要结合电压以及电阻等进行处理,并且和电池厂商综合考虑,得到电池组 SOC,因此工程中难以实现。卡尔曼滤波法是在电池模型对应的状态方程与观测方程基础上实现的,能够较好地修正初始值、抑制系统噪声,但仍然需要知道开路电压与 SOC 的对应关系。

(2) 电动势：当可逆电池中的电流为零时,电池两端的电势差称为电池的电动势,即正负电极之间的平衡电极电势之差。对于可逆电池,电动势是与电池反应的自由能变化相联系的,只与参与化学反应的物质本性、反应条件以及反应物和产物的活度有关。

(3) 开路电压：电池电极间所连接的外线路处于断路时的两级间电势差。正负极在电解液中不一定处在热力学平衡态,因此电池开路电压总是小于电动势。

(4) 内阻：电池在工作时,电流流过电池内部所受到的阻力。内阻包括欧姆电阻和极化电阻。欧姆电阻与电解液、电极材料和隔膜的性质有关。而电解液的欧姆电阻与电解液组成、浓度和温度有关。电池电解液、电极及导电材料之间存在接触电阻,其也是欧姆电阻的重要组成部分。充放电过程中电压突变一般认为是欧姆电阻引起的。极化电阻是指化学电源的正负极进行电化学反应时极化引起的电阻。其包括电化学极化和浓度差极化引起的电阻。极化现象是当有电流通过电极/溶液界面时,电极电位偏离了平衡电极电位的现象。平衡电极电位是没有电流通过时,静止的相对理想化状态时的电极电位。在电极单位面积上通过的电流越大,偏离平衡电极电位越严重。电池极化后,充电电压高出电动势很多,消耗更多电能。放电时,放电电压低于电动势很多,使得电能变成无用热能。

(5) 工作电压：又称为负载电压,是指有电流通过外电路时电池两极之间电势差。电池内阻越大,电池的工作电压就越低,对外输出能量也越小。电池放电时,工作电压随放电时间延长而下降；电池充电时,工作电压随放电时间延长而上升。

电池其他的性能还包括容量与比容量、能量与比能量、功率与比功率和循环寿命等,这里不再一一阐述。在地面对蓄电池性能通常采用混合脉冲(hybrid pulse power characteristic,HPPC)测试,通过参数辨识方法获得内阻、开路电压和 SOC 等信息。但对于在轨卫星而言,因为蓄电池在使用过程中没有外加测量设备,所以只能基于一定的蓄电池模型采用蓄电池充放电电流和电压数据进行性能估计。

1.3 卫星故障预测与健康管理技术

1.3.1 卫星故障预测与健康管理基本框架

在轨卫星与普通的地面飞行器装备不同,其结构复杂,且只能通过遥测参数进行监测。一颗卫星由很多部件构成,每个部件可能有上百个遥测参数,整颗卫星可能会有成千上万个遥测参数。而且,不仅部件内部的遥测参数之间存在较强的关联性,不同组件的遥测参数之间也存在一定的关联性,这使异常检测困难且定位复杂,评估决策的成本高、风险大。

卫星故障预测与健康管理(PHM)技术是将传感器数据、算法、模型有机结合,对设备运行状态进行预测、监控和管理的一种是科学管控手段。其需将星上遥感数据集成起来,选择合适的模型及优化算法,对设备进行分析评估。如今,PHM 技术十分重要,作为进行新设备开发的核心技术,能够支撑起新技术的开展。它能显著提升复杂系统的稳定性、可维护性、可测试性、支撑性和安全性,同时也使寿命期间的成本得到降低。无论是在军用领域还是在民用领域,这都是一项非常有前途的技术。目前卫星在轨 PHM 体系可大致分为三个层次:一是任务层,包括在轨状态监视、卫星日常管理(主要是通过上行发令完成校时、姿态控制、轨道控制、地月影管理等管理维护任务)、卫星在轨处置(主要是异常、故障处置和退役处置)、卫星在轨试验(包括科学试验和技术试验)四种任务;二是能力层,为了支持这四种任务的高效完成,必须具备异常检测、故障实时诊断、故障预测、测控过程诊断、故障仿真、健康状态评估、寿命预测、仿真推演、大数据挖掘与信息综合处理十种能力,这些能力通过构建相应的系统将技术固化来实现;三是数据层,为实现这 10 种能力,必须将卫星遥测数据、空间环境数据、在轨综合管理信息(包括卫星档案信息、构成信息、生产信息、运行管理信息等)、信息支持数据等多方面的数据或信息接入系统,形成数据池进行支持,此外,还需要相应的卫星 PHM 的体系、规范、标准和制度来支撑和维护预测与健康管理。

1.3.2 卫星 PHM 关键技术

现阶段,我国在轨卫星还不具备全面在轨部件更新的能力,主要通过软、硬件冗余交替工作保证其可靠性,因此,实现实时异常检测和趋势分析以尽早发现设备异常并及时处置是极其必要的。在轨卫星的实时监控中,异常是指遥测参数出现了非正常现象,它可能是一种卫星部件故障先兆,也可能是受空间环境影响或执行特定任务时出现的一种现象。故障是指系统不能执行规定功能的状态,即系统中部分元器件功能失效的情况。在轨卫星的故障预测与健康管理主要是指通过对连续采集的遥测数据进行分析,检测可能的异常状态,并能够针对异常特征进行分析,判断异常发生的原因,然后根据异常起因进行处置,防止故障的发生。

对应卫星 PHM 基本框架,可梳理出卫星 PHM 技术的关键是通过分析、预测来把握卫星系统性能趋势,从部件到系统逐层检测有无故障情况,进而对各分系统的健康状态进行评估,对其寿命进行预测,其主要有卫星相关故障诊断处理,还包括在故障检测方面的帮助,这些都十分重要。

系统的健康评估和寿命预测的早期方法大多是基于产品的物理性能衰退过程进行分析,包括力、热、大气环境等对产品的影响,来确定衰退成因和机理,从而确定衰退模式以及模型重要参数,达到对系统指标进行评估,并对产品的健康状态进行评价的目的。

随着计算机计算能力的飞跃发展,机器学习、人工智能、深度学习等技术日趋成熟,将这些新技术运用到卫星 PHM 中,可以有效提高对系统可靠性、衰退趋势分析的准确率,从而更加精准地评价其健康状态并估计系统的剩余寿命。

1.4 卫星异常检测技术

卫星在轨运行期间的相关运行状态是通过卫星内部的监测系统编码经由遥测系统传送到地面设备的,这些表征卫星各种状态的数据称为遥测数据,是地面管理人员掌握卫星运行情况的唯一渠道。卫星在运行过程中会产生许多不同类型的数据,其既区别于正常数据,又区别于故障数据。通常把这种数据称为"异常"数据。这种"异常"存在于卫星从正常运行到故障失效的全阶段。异常信号既存在于卫星正常数据中,也出现在卫星从正常运行到发生故障的变换过程中,同样也存在于故障发生时。可以说,"异常"是在故障之前区别于正常数据的异常数据。由于异常数据不符合正常数据的变化趋势,有别于卫星的正常设定,因此可以说明该异常数据对应的部件或者系统处于非正常状态。对卫星遥测数据开展异常状态检测研究,可及时并快速地发现卫星遥测数据中的异常数据,有利于对卫星进行故障定位排除、应急预案制定、发送修复指令等操作,对于增强卫星的安全性及可靠性具有显著的现实意义。

及时发现卫星异常是卫星在轨管理的一项重要工作,它关系到卫星在轨使用寿命。能够及时发现并判断断卫星异常的方法有很多,本书对这些方法进行了研究,将其归纳为两类,一类是基于遥测参数超限报警方法,另一类是故障诊断方法,并对这两类方法从功能、效果、软件实现的难度方面进行比较。结果表明,在不同的管理和实现难度要求下,这些方法完成卫星管理的效果不同。另外,本书还提出了一种遥测参数相对判断算法。其简化了报警阈值设置,能够及时发现卫星任何参数突跳,是一种有效的卫星异常报警方法。

一颗卫星通常有成千上万个遥测参数,这些参数按一定帧频下传到地面,由于参数太多,靠人工实时监视发现问题很困难。目前,地面卫星测控中心主要靠计算机程序来实现故障报警。报警方法通常有两类,一类是基于遥测参数超限算法,另一类是基于推理算法。第一类报警方法简单、开发容易,只要超限报警阈值设置合理,就能够及时发现卫星出现的异常,具有很强的实用性,能够满足一般卫星管理要求;但是无法实现故障定位,出现问题时需要专家到现场进行故障分析。第二类报警方法在故障报警的同时,能够进行故障定位,并提出相应的故障对策,如基于一定的推理规则;但是它实现复杂、开发难度大、周期长,软件完成后,还需输入大量专家知识,专家知识多少和采用何种诊断算法决定了它的性能。

目前,基于遥测参数超限算法的报警方法有遥测参数阈值判断、相对值判断和关联诊断,基于推理算法的报警方法主要有基于规则、故障树、人工神经网络和模型的推理方法。本书分别描述了这些算法,给出了它们的适用范围,并比较了它们的实用性和优缺点。

1.4.1 异常报警技术

1. 遥测参数阈值判断法

这个方法最简单,也是卫星管理中应用最早的方法,它的算法如下。

当满足 $H_i<TM_i$ 或 $TM_i<L_i$ 时报警,其中 TM_i 是卫星下传的第 i 个遥测参数,H_i 和 L_i 分别是卫星生产厂家或卫星专家提供的第 i 个遥测参数上、下阈值。从数理论上讲,只要卫星下传的遥测参数在给定的上、下限范围内,就表明卫星下行正常;否则,通过显示或声音报警。该算法简单、实用性强,能及时发现数字量遥测参数的变化。

遥测参数阈值判断方法存在的主要问题是卫星模拟量参数的上、下限合理取值困难。这反映在两个方面:一是当上、下限值相差较大时不容易发现遥测参数变化,只有当卫星故障发展到一定程度,超过给定的上、下限值才能报警。这样会错过故障处理时间,不利于卫星缓变故障的发现。例如,星上一些电机如果某种因素导致摩擦力逐渐增大,它的电流就缓慢增加,电流增加到一定程度时就会烧毁电机,因此需要及时发现电流的异常变化。二是当卫星参数值本身变化较大时,判断阈值不好掌握,无法正确报警。例如,在能源管理期,太阳能电池输出电流在白天是正常值,在阴影期则为0。如果将上限值选为白天太阳能电池输出电流最大值,下限为0,白天太阳能电池输出电流异常时就无法正确报警。

2. 遥测参数相对值判断法

卫星同一个遥测参数值尽管在一天内会有很大变化,但与其24h后同一时刻的值相比变化很小或者变化有规律。具体讨论如下。

1)周期内变化值很小的情况

间隔24h同一遥测参数值基本一致,如某高轨卫星星敏感器四元素。从图中可以看出,尽管一天内温度值变化较大,但间隔24h温度值是一致的,如每天的5:35左右,温度值都处于最高值0.98℃左右;而在每天的17:35左右,温度值都是最低值-0.98℃左右。

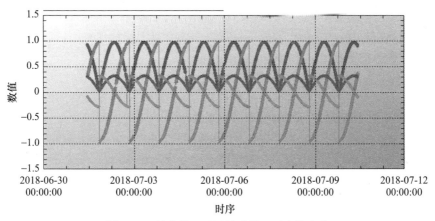

图1-2 某高轨卫星星敏感器四元素的变化

2)周期内变化值有规律的情况

间隔24h同一遥测参数值变化较大,但变化量有规律,如相差一个固定量。卫星姿态角的变化可采用遥测参数相对值判断法,算法如下:

当满足$|TM_N - TM_F| > \delta$时报警,其中TM_N为实时接收的遥测参数值,TM_F为24h前同一遥测参数历史值,δ为设定的阈值(由卫星专家或卫星研制方提供。或者由卫星管理者在卫星实际管理过程中根据卫星遥测参数值的变化情况设定:对于数字量(状态量)遥测参数,δ取为0,对于模拟量遥测参数,δ取为某一参数24h的变化量;对于变化量小的参数,δ取值接近0;对于变化量较大的参数,取其变化规律值)。相对值判断法除了与遥测参数阈值判断法一样具有算法简单、容易实现的优点外,还具有以下主要特点。

(1)能够及时发现卫星遥测参数的跳变,克服上面遥测参数阈值判断方法的两个缺点。例如,无论是在阴影区还是光照区,太阳能电池输出电流值与它24h后的值是基本一致的。

(2)δ值不需要卫星研制方提供,但δ值设定后,基本可以不用修改。例如,对于星上部件开机、关机的切换动作,切换后的24h内状态变化会产生超限报警,但切换动作完成后24h报警自动消失。

相对值判断法在使用前,需要对卫星模拟量参数的24h变化规律参数进行一次全面分析,以得到准确的δ值。

3. 遥测参数关联判断法

上述两种方法对于一个故障表现为一个遥测参数超限是有效的,当出现下述故障或现象时,它们就无法进行正确判断。

(1)一个故障导致多个遥测参数超限,如果将所有超限参数都显示出来,使用人员就无法正确判断故障源。例如,蓄电池充电出现异常时,除了体现在充电阵遥测状态字异常外,还体现在充电电压和充电电流参数异常。

(2)卫星遥测参数在不同的时段有不同的值,判断不正确会将正常现象报成异常。例如,在阴影期太阳电池阵的输出功率为0属于正常现象,只按光照条件进行判断就会误报警。

(3)正常测控事件对卫星状态产生影响,属于正常情况。例如,地面发遥控指令进行星上仪器切换时,相应的参数会从发令前的值跳变到发令后的值,这属于正常情况,在对参数变化进行判断时未考虑发令的影响就会误判。

上述故障或参数变化的特点是多个参数同时变化,因此,如果故障判断过程中同时对多个参数或事件进行判断,就可以进行故障定位和确认,对两个参数进行关联判断的算法如下:

```
if L₁ > TM₁    or    TM₁ > H₁
if L₂ > TM₂    or    TM₂ > H₂
then    show    A    is    abnormal
else    show B    is    abnormal
```

其中,TM_1、TM_2 为遥测参数;L_1、L_2 分别为 TM_1、TM_2 的判断下限;H_1、H_2 分别为 TM_1、TM_2 的判断上限;A、B 分别代表不同的故障情况。

采用关联诊断与阈值判断法和相对值判断法一样具有算法简单、实现容易的优点,它的主要特点是能避免正常测控事件引起的参数变化导致的误报,对故障进行定位。因此,关联诊断法能够正确处理上述列举的3种情况。关联诊断法在实际应用前,需要对故障进行关联知识整理,并输入到应用程序中作为判断条件。它避免误报和对故障定位的能力取决于关联知识整理情况,知识整理越全面,避免误报和故障定位的能力就越强。实际卫星管理经验表明,关联诊断法是一种较接近专家处理故障思维的有效的故障报警和故障定位方法。

1.4.2 故障诊断技术

上面介绍的三种方法基于参数超限报警,随着卫星技术的发展和管理要求的提高,只进行故障报警是远远不够的,如果能对故障进行准确定位并给出相应的故障对策,就能大大提高卫星管理水平。目前,各卫星测控中心都努力朝这个方向发展。

人工智能故障诊断[1]是指用计算机模拟人类专家的思维活动,以可靠性理论、信息论、控制论和系统论等基本理论为基础,对故障进行综合分析和诊断的技术。

1. 基于估计的故障诊断方法

基于估计的故障诊断方法是提出最早、研究最为系统的一种方法。基本思想是运用软件冗余代替硬件冗余。基于估计的故障诊断方法分为基于参数估计的故障诊断方法和基于状态估计的故障诊断方法[2]。

1) 基于参数估计的故障诊断方法

基于参数估计的故障诊断方法的基本思想:不需要计算残差序列,而是根据模型参数及相应物理参数的变化量序列的统计特性来进行故障诊断,更利于故障的分离。这是因为被诊断对象的故障可以视为其过程参数的变化,而过程参数的变化又往往导致系统参数的变化。1984 年,Irem[3]对基于参数估计的故障诊断方法做出了完整的描述。目前,研究较为广泛的有强跟踪滤波器方法和最小二乘法。

2) 基于状态估计的故障诊断方法

基于状态估计的故障诊断方法的基本思想:由于系统被控过程的状态直接反映系统的状态,因此只需估计出系统的状态并结合适当的模型就可对被控对象进行故障诊断。这种方法首先利用系统的解析模型和可测信息重构系统的被控过程,构造残差序列(残差序列中包含丰富的故障信息),然后对残差进行分析处理,从而实现故障的检测与诊断。Beard[4]提出故障诊断检测滤波器的方法,Mehra 和 Peschon[5]提出基于卡尔曼滤波的方法,Massoumnia[6]提出广义一致空间法。在实际应用中,由于系统越来越复杂,很难建立十分精确的数学模型。目前,研究较为广泛的是将模型参考自适应的思想引入状态估计中,从而提高系统稳健性。

2. 基于信号处理的故障诊断方法

基于信号处理的故障诊断方法[7]是故障诊断领域应用较早的方法之一,通常是利用信号处理技术与模型,如相关函数、频谱、自回归滑动平均、小波变换等,对测试数据直接进行分析,提取方差、幅值、频率等特征,然后分析这些特征的变化规律,从而检测出故障。其不需要精确的解析模型,有很强的适应性。

1) 基于输出信号处理的故障诊断法

基于输出信号处理的故障诊断法的基本思想:系统的输出(幅值、相位、频率等)和故障存在一定的联系,可以通过数学的方法(频谱分析)进行描述。当发生故障时,可以通过系统的输出分析出故障发生的位置及其严重程度。常用的方法:频谱分析法,将时域信号变换至频域并加以分析;相关分析法,研究现象之间是否存在某种依存关系,并根据具体依存关系探讨其相关方向以及相关程度。

2) 基于小波变换的故障诊断法

小波变换属于时频分析,是一种新型信号处理方法,也是一种信号的时间 – 尺度(时间 – 频率)分析方法。它具有多分辨率分析的特点,而且在时域和频域具有表征信号局部特征的能力,是一种窗口大小固定不变,其形状、时间窗和频率窗都可以改变的时频局部化分析方法。基本思路:首先对一个系统的输入和输出信号进行小波变换,利用该变换求出输入和输出信号的奇异点;然后去除输入突变引起的极值点,其余的极值点对应于系统的故障。目前,国内已有研究应用的基于小波变换的故障诊断主要有:利用观测信号的奇异性进行故障诊断、利用观测信号频率结构的变化进行故障诊断和利用脉冲响应函数的小波变换进行故障诊断三种方法。基于小波变换的故障诊断方法对输入信号的要求低,对噪声的抑制能力强,灵敏度高,运算量适中,可以进行在线实时检测,在机械系统的故障诊断中取得了不少研究成果。

3. 基于规则的故障诊断方法

基于规则的故障诊断方法又称产生式方法,它的知识表示最为简单,早期的故障诊断专家系统都是基于规则的,医疗诊断专家系统 MYCIN 对故障诊断专家系统的发展起了巨大的推动作用。

基于规则的诊断系统的基本要素是综合数据库、产生式规则库(知识库)和推理系统。其中,综合数据库用来描述求解问题的状态,记录已知的事实、推理的中间结果和最后结论;产生式规则库中的规则是对综合数据库进行操作,使其内容发生变化。规则描述了征兆与故障之间的关系,其一般形式如下:

```
IF <条件>
    THEN <动作>
END
```

该形式表示当条件满足时,执行相应的动作。在诸多知识表示方法中,产生式规则已经成为当前专家系统中最常用的一种知识表示方法,适于故障诊断专家系统的知识组织。它结构简单、自然,易于表达人类的经验知识,具有高度的模块化和表示形式的一致性。因此,许多航天领域的故障诊断原型系统采用了基于规则的专家系统,如 FAITH、NAVARES、MOORE、DAM 和 PMAD。随着诊断对象的日益庞大,诊断任务的逐渐复杂,基于规则的诊断方法也表现出许多致命的缺点:对复杂、大型系统的知识不能很好地表示;一致性维护困难;推理效率低,且明显依赖已有的故障经验,对未出现过的和经验不足的故障诊断无能为力。该方法在卫星中的应用发展受限。

4. 基于故障树的故障诊断方法

故障树分析(fault tree analysis,FTA)法[8]是一种安全性和可靠性分析技术,广泛应用于航天领域。故障树分析法是一种自上而下逐层展开的演绎分析法,它以系统不希望发生的事件为顶事件,向下逐层找出该事件发生的全部(硬件、软件、环境、人为因素等)原因,然后以一种特殊的倒立树状逻辑因果关系图(故障树)来表示其间的逻辑关系,并进行定性、定量的安全性和可靠性分析。故障树是一种体现故障传播关系的有向图,它以系统最不希望发生的事件作为分析目标,找出系统内可能发生的部件失效、环境变化、人为失误等因素与系统失效之间的逻辑关系,用倒立的树状图表示出来。它可用于对系统故障的分析,分析故障产生的原因;还可用于系统故障模式的识别,进行故障的预测和诊断。图1-3是典型卫星故障树的示意图,它根据卫星的系统组成由上至下地进行故障分析和定位。图中对电源分系统故障进行了简单的二级分解,第一级将故障分解为太阳帆板异常、控制装置异常、电源母线异常和蓄电池异常等,第二级将控制装置异常分解为分流调节器问题、充电调节器问题和放电调节器问题。

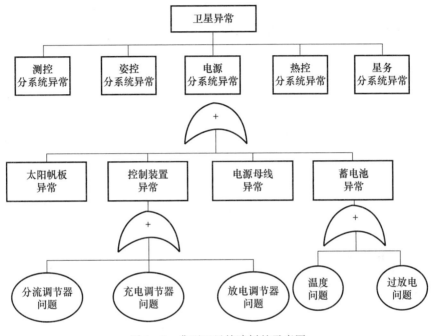

图1-3 典型卫星故障树的示意图

基于故障树的故障诊断方法的优点:直观、形象,能够实现快速诊断,知识库容易动态地修改,并能保持一致性;概率推理可在一定程度上用子选择规则搜寻通道提高诊断效率,诊断技术与领域无关,只要相应的故障树给定,就可以实现诊断。基于故障树的故障诊断方法的缺点:由于建立在元件联系和故障模式分析的基础上,因此不能诊断不可预知的故障,诊断结果严重依赖故障树信息的正确性和完整性。如果给定的故障树不完全、不详细、不精确,那么相应的诊断也同样不完全、不详细、不精确。

传统的故障树分析法是一种对系统可靠性进行分析的有效工具。但是,在现实世界中系统失效往往具有动态特性,而传统的FTA法作为一种基于静态逻辑或静态故障机理的分析方法无法描述系统失效的动态行为,如故障修复、时序相关的故障和冷储备等。马尔可夫(Markov)过程作为一种特殊的随机过程虽然能够描述系统的动态特性,但其状态空间的规模随系统规模增大成指数级增长,导致马尔可夫模型的建立和求解非常烦琐,甚至运算量太大而无法使用。

动态故障树(dynamic fault tree,DFT)分析方法综合了传统的故障树分析法和马尔可夫模型两者的优点,它通过引入表征动态特性的新的逻辑门类型建立相应的动态故障树,进行动态故障树分析。DFT 是指至少包含一个动态逻辑门的故障树,它是在 FTA 和马尔可夫方法的基础上发展起来的,其不同之处在于加入了一些能够反映序列依赖性的系统行为的元素。它把传统的 FTA 分析扩大到动态系统性能,具有顺序相关、资源共享、可修复,以及冷、热备份等特性。

动态逻辑门是用来表示与事件发生顺序相关的特性,这些特性都会影响系统的工作状态。例如,当某系统在事件 A 和 B 结合起来导致系统失效,而与事件出现的先后顺序无关时,它就是静态 FTA;当与事件发生的先后顺序有关,如必须是事件 A 先发生,B 结合才导致系统失效事件时,就必须用 DFT 建模。如图 1-4 所示,动态逻辑门主要包括以下部分。

(1)顺序相关门(sequence enforcing gate,SEQ):当底事件按从左到右的顺序依次发生时顶事件 T 才发生。

(2)优先与门(priority-and gate,PAND):它有 B 和 C 两个底事件。当两个底事件按照从左到右的顺序发生时,顶事件才发生。因此,优先与门是顺序相关门底事件数目为 2 时的特例。

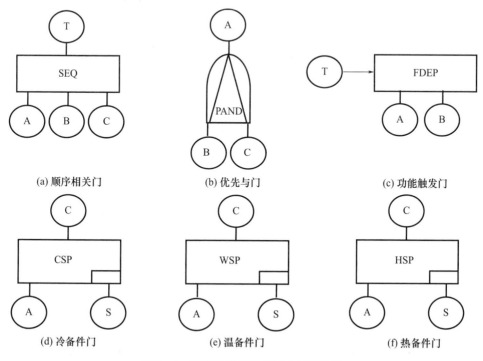

图 1-4 动态故障树的各种动态逻辑门

(3)功能触发门(functional dependency gate,FDEP):当触发事件 T 发生时会引起基本事件 A、B 发生,则顶事件也会发生;或者基本事件 A、B 单独发生时,顶事件也会发生。

(4)冷备件门(cold spare gate,CSP):冷备件 S 在主件 A 工作时处于不工作状态,失效率为零,只有在主件 A 失效的时候才开始工作,而当冷备件 S 也失效时顶事件就会发生。

(5)温备件门(warm spare gate,WSP):温备件 S 在主件 A 工作时处于预工作状态,失效率很低,当主件 A 与温备件 S 均失效时顶事件就会发生。

(6)热备件门(hot spare gate,HSP):热备件 S 与主件 A 同时处于工作状态,相当于并联。S 可以有多个,只有主件和热备件均失效时顶事件才会发生。

在动态故障树的分析中,首先应将 DFT 进行模块化,得到独立的静态子树和动态子树,静态子树多采用二元决策图(binary decision diagram,BDD)求解,动态子树转化成相应的马尔可夫链进行求解。

通常情况下,整个 DFT 模型只有很少一部分在本质上是动态的,在用 DFT 分析方法对整个 DFT 模型进行处理时,必须在整个 FTA 中识别出独立子树,将动态门和静态门区分开,然后决定是采用一般 FTA 的处理方法还是用马尔可夫模型对独立子树(而不是对整个 DFT)进行处理。也就是说,利用几个马尔可夫模型和一般 FTA 处理模型(而不是用一个单一的模型)对整个 FTA 进行处理。这样,每个单独处理模型可以很小,简化了分析过程。

5. 基于人工神经网络的故障诊断方法

人工神经网络是通过内部连接机制实现输入与输出之间的非线性匹配或映射的一种诊断方法。人工神经网络是由大量简单的处理单元连接而成的复杂网络,用于模拟人类大脑神经的结构和行为。神经网络具有人脑功能的基本特征——学习、记忆和归纳,从而解决了人工智能研究中的某些局限性。人工神经网络的优点是具有高度非线性、信息处理的高度并行分布性、高度容错和联想记忆等特性。它使信息处理和信息存储二为一,具有自组织、自学习和自适应能力;能接收、处理模糊的和随机的信息。图 1-5 是神经网络神经元数学模型。

神经元数学模型可以描述为

$$\begin{cases} \delta_i = \sum \omega_{ij} \cdot x_j + s_i - \theta_i \\ u_i = g(\delta_i) \\ y_i = h(u_i) - f(\delta_i) - f(\sum \omega_{ij} \cdot x_j + s_i - \theta_i) \end{cases}$$

式中:$x_1, x_2, \cdots, x_n$ 为输入信号;u_i 为神经元内部状态;θ_i 为阈值;ω_i 为从 u_i 到 u_j 连接的权值;s_i 为外部输入信号(在某些情况下,它可以控制神经元,使 u_i 保持在某一状态);$f(\cdot)$ 为激活函数;y_i 为输出。

式中:$f = h \cdot g$。

图 1-5 表明,每个神经元的输入接收前一级神经元输出,对神经元 i 的作用 δ_i 为所有输入的加权和减去阈值,此作用引起神经元 i 的状态变化,而神经元 i 的输出 y_i 为其当前状态 δ_i 的函数。

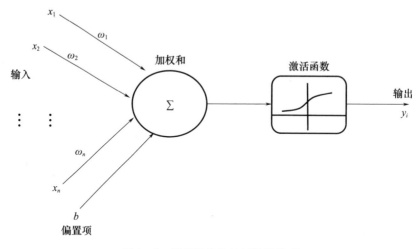

图 1-5 神经网络神经元数学模型

神经网络方法应用于故障诊断也存在许多不足。这种诊断方法属于"黑箱"方法,不能揭示出系统内部的一些潜在关系,因而无法对诊断过程给出明确的解释。另外,网络训练时间较长,并且对未出现过的故障无诊断能力,甚至得出错误的诊断结论。这些都增加了神经网络在实际应用中的困难。在航天领域,因为先验知识少,训练样本有限,所以神经网络方法在卫星的应用也很有限。

神经网络按结构分为层次型神经网络和互联型神经网络,从学习计算角度分为有导师学习和无导师学习两种。

1)层次型神经网络

层次型神经网络中神经元是分层排列的,这种网络由输入层、一层或多层的隐含层和输出层组成,每个神经元只与前一层的神经元相连接,通常用于模式识别和自动控制等领域。典型的网络有多层感知器、BP 网络等。

2)互联型神经网络

互联型神经网络中任意两个神经元之间都可能有连接,因此,输入信号要在神经元之间反复传递,从某一初始状态开始,经过若干次的变化,渐渐趋于某一个稳定状态或进入周期振荡等其他状态。互联型神经网络可分为联想存储模型和用于模式识别及优化的网络。联想存储模型与计算机中使用的存储器有很大不同,它可以根据内容进行检索,类似于人的记忆方式,有广阔的应用前景。用于模式识别及优化的网络特别适用于优化领域,并已获得很多成果。最常用的反馈式人工神经网络为 Hopfield 网络。

神经网络的卓越能力来自神经网络中各神经元之间的连接权。连接权一般不能预先准确地确定,故神经网络应该具有学习功能。由于连接权能根据样本(输入信号)模式逐渐调整权值,使神经网络具有优秀的处理信息的功能。

6. 基于模型的故障诊断方法

基于模型的故障诊断方法又称为基于知识的诊断方法,该方法既可解决知识获取的瓶颈问题和知识库维护困难的问题,又能提高诊断的精确性,因此该方法正被逐步进行深入研究。基于模型的知识表示方法有利于缓解卫星系统在故障诊断方面历史经验不足的困难。它的优点是可以诊断未预知的故障,不需要历史的经验知识。它的缺点是:由于使用系统仿真模型,模型较为复杂庞大,诊断速度慢;对模型精度的依赖性较强,只要实际系统和所建立的数学模型稍有不同,在检测条件下的任何模型的不确定性因素就可能导致错误的报警。目前,采用定性模型和多信号建模可以克服定量模型的缺点,成为国内外研究的热点。

基于模型的故障诊断方法是指使用系统的结构、行为和功能等方面的知识对系统进行诊断推理,需要建立系统的结构模型、行为模型或功能模型,行为模型是对诊断对象的内部交互规则和动作进行描述。

目前,常用的结构与行为描述方法是将诊断对象看成由一系列单个零件相互连接而构成,进而对这些零件的输入与输出进行行为描述。结构描述可以实现一个诊断对象中的符号或数值约束从各输入节点到各输出节点的传播,行为描述用于说明当一个系统元件被一个输入激励后所引起的一系列因果效应。建立好结构模型与行为模型后即可预测系统的行为。将模型预测值与实测值相比较可以获取异常征兆,然后利用这些异常征兆搜索可使预测模型与实测值相一致的各种可能行为的状态假设,每个偏离指定正确行为的上述状态的假设被视为故障。

基于模型的故障诊断过程通常包括残差生成和故障决策两个阶段。诊断的一般思路是通过对系统的状态或参数进行重构并生成残差序列,然后采用一些措施来增强残差序列中所包含的故障信息,抑制模型误差等非故障信息,通过对残差序列的统计分析可以检测出故障的发生并进行故障诊断。图 1-6 是基于参数估计的故障诊断流程图。它的基本思想是首先将被诊断对象的故障看作对象参数的变动,基本思路是将所测得的输入信号建立过程模型;然后建立模型参数与过程参数之间的关系;最后由测量信号估计出模型参数的值,通过故障与过程参数变化量之间的关系进行故障定位。

基于模型的故障诊断技术已经在国外航天飞机、人造卫星领域得到了广泛应用,它有利于缓解卫星系统在故障诊断方面历史经验不足的困难。它的优点是可以诊断未预知的故障,不需要历史经验知识;它的缺点:由于使用系统仿真模型,模型较为复杂庞大,诊断速度慢,对于不同的领域,仿真模型各异,较难统一。

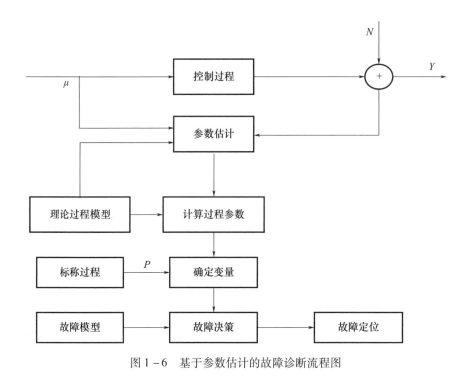

图 1-6 基于参数估计的故障诊断流程图

1.5 国内外研究现状与发展趋势

1.5.1 国内外研究现状

20世纪90年代,美军在联合攻击战斗机(JSF)项目中的PHM技术主要是进行故障检测及修理工作,能够完成健康管理,并且进行航天器相关监控处理。随着科技发展,PHM不止服务于国防,也越来越多地应用到其他领域,如制造领域以及汽车生产方面、罗尔斯·罗伊斯航空发动机、美国国家航空航天局(NASA)国际空间站等。NASA更是将其视为21世纪航天器在监控等方面的重中之重。PHM技术主要结合无人驾驶的航天运载器进行研究,并可以结合无人驾驶战斗力等进行应用,也可以应用在其他无人机上。2005年,NASA举办了PHM论坛,并且提出了一些相关概念,能够有效地进行飞行器的相关处理工作,主要给出了综合系统健康工程和管理(ISHEM)概念的相关意义,明确了PHM技术不单是技术问题,也是工程管理问题。随着科技的进步,很多研究学者针对PHM技术已经总结出比较完善的相关方法体系。美国更是建立了与PHM体系配套的平台及专用研发系统,这些系统研发软件已在很多重点项目中应用。

我国装备 PHM 技术在理论和工程上都取得了一些进展,近几年相关研究明显增多,但在航天器领域 PHM 相关技术研究与应用尚不深入,在轨航天器的 PHM 技术研究和工程实现还处在起步阶段。在理论研究方面,20 世纪末国内学术界首先引进了 PHM 历年,随后工业部门也意识到其重要价值,开展了多方位的理论引进和技术研发工作。在航空航天系统,PHM 技术从理论研究到工程实践也有了 20 余年的发展,结合航天进步发展的关键节点,科研工作者做了很多探索工作。在载人航天方面,程惠涛等[9]尝试利用灰色模型,并将专家系统和故障预报技术相结合,建立针对载人飞船推进分系统故障预测系统。在北斗导航系统方面,孙波、张雷等[10]针对北斗导航卫星电器设备开展了健康评价体系的研究。在体系模型方面,时旺等[11]针对美国的战斗机进行 PHM 的相关研究,并且进行了深入的分析讨论,建立了数学模型,并结合实例进行论证;刘雷等[12]针对卫星导航接收设备研究了健康管理技术,充分考虑其技术特点,结合其维护要求,进行 PHM 体系构建。近一段时间我国进行了 PHM 技术的研究工作,并开始应用。哈尔滨工业大学团队[13-14]以软件工程的思想为指引,分析飞行器各分系统在状态监视、故障预测及诊断、处置与恢复等方面的需求,进行了飞行器 PHM 技术研究。在故障诊断方面,针对航天器控制分系统初步建立了 PHM 研究模型,用于对在轨航天器进行实时故障诊断,以航天器姿控分系统为对象,提出动态属性这一全新理念以对闭环系统的某些动态特性进行描述,项目在非全实时诊断方面取得了一定成果。此外,在最近几个五年规划中,我国都把 PHM 列为重点发展的技术项目。通过上述分析可见,我国在航天器 PHM 技术方面的研究大多停留于理论研究,主要从航天器研制生产的角度出发,注重航天器结构、设计、测试、可靠性等环节的健康管理,针对在轨航天器运行过程的全寿命健康管理与应用方面的 PHM 技术研究非常有限。

1.5.2 发展趋势与存在的差距

PHM 概念的提出,代表了复杂装备故障诊断与维修技术的一个发展趋势,实现了从装备的状态监控到健康管理思想的转变,形成了不同体系的 PHM 系统,并广泛地应用于工业生产、航空航天以及国防领域等。作为一种智能化大型复杂装备的健康管理技术,PHM 为航天器和测控网安全管理提供了有效的解决方案。我国也将健康管理及剩余寿命预测技术视为在复杂装备制造生产领域的先进前沿技术并予以重点支持。

由于在轨航天器故障诊断与维修面临大量的不确定因素,这些因素有可能是随机的、模糊的、不完全的,因此虽然在处理不确定因素方面有很多的理论和技术,但是截至目前仍然没有十分有效的解决办法。

(1)结合人工智能的方法效果不明显,在轨航天器发生的故障往往在其他场景中未出现,并且在训练过程中的数据样本也不充足,因此模型训练困难重重。

(2)知识库缺乏专业性和全面性。受困于客观条件,很难做到在系统运行中对知识进行发现、提炼和丰富以及形成并更新知识库;此外,提高故障诊断系统对不确定因素的处理能力也是航天器在轨运行状态预测和健康管理的难点。

(3)信息获取过少。在航天器管理过程中得到的有用信息不是很多,如何实现健康状态评估和管理也是一大难题。

综上所述,目前存在的主要问题如下。

(1)数据挖掘能力不足,数据分析方法应用不深入,基于关联的大数据分析技术应用不够。

(2)诊断与检测知识缺乏,知识来源大都依靠领域专家给出,知识描述手段难以应对复杂时态性知识。

(3)系统之间体系融合不够,目前诊断、预测、健康评估等各系统均具备一定功能,但系统之间数据交换、功能共享、相互支持力度不够,没有形成系统效应。

(4)在技术层面需要进行提升,结合人工智能等前沿技术进行学习,并且融会贯通,如何将这些技术应用于在轨航天器预测与健康管理仍是一个崭新的课题。

1.6 研究内容与结构安排

本书作者结合承担的"十三五"装备预先研究重点项目,围绕卫星遥测数据的预处理技术、卫星电源遥测数据特性、卫星电源故障诊断方法、基于动态门限的单参数异常检测方法和基于聚类的多参数异常检测等问题展开研究。本书结构如图1-7所示。

本书具体安排如下。

第1章为绪论,讨论了本书的研究背景和意义,对遥测数据异常检测和卫星电源状态异常检测的基本情况和发展历程进行了综述,总结了卫星异常检测技术国内外的研究现状。本章还对本书的内容及框架结构进行了介绍。

第2章介绍了卫星遥测数据特征分析与预处理方法。从遥测数据特征分析开始,介绍遥测数据的定义以及特征和分类,接着介绍了卫星遥测数据的预处理方法,主要围绕野值处理、数据的填补方法以及数据归一化等方面展开。

第3章介绍了几种传统机器学习模型,区分有监督式学习和无监督式学习,为第4章的理论基础。

第4章采用机器学习模型如神经网络和支持向量机等,基于有监督训练方式,建立起遥测参数动态阈值,利用模型的预测分类结果与实际值的差异程度进行异常检测。

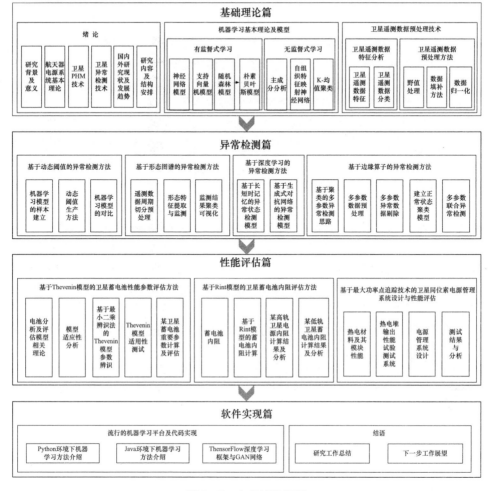

图1-7 本书结构框图

第5章采用形态图谱建模技术对正常区间内的遥测数据进行聚类和特征提取,建立卫星正常状态下遥测参数典型形态图谱模板库。异常检测时,系统自动提取该参数待检测时间区间内的形态特征,并与典型形态模板库进行形态匹配与分析。

第6章研究了基于深度学习的单参数异常检测方法。分别利用两种深度学习模型,即长短时记忆的异常检测模型和生成式对抗网络的异常检测模型对正常状态下的遥测参数进行学习,通过学习历史正常遥测数据的非线性规律来对实时遥测参数的异常状态进行检测。

第7章研究了基于边缘算子的异常检测方法。通过分析卫星多参数数据特性,分析参数之间的关联关系,得出多参数异常检测建模方法与评价标准。通过试验证明利用边缘算子的方法对卫星电源多参数进行异常检测是有效且可行的。

第8章研究了基于Thevenin模型的卫星蓄电池性能参数评估的方法,并在Simulink仿真环境中进行了参数识别结果的验证,对模型的适用方法进行了测试,得出为降低遥测数据扰动的影响,达到最佳参数辨识效果,应选择蓄电池长时放电阶段的放电电流和电压数据进行辨识的结论。利用模型的辨识参数,建立了针对某高轨卫星蓄电池性能的长期评估方法。

第9章研究了基于Rint模型的卫星蓄电池内阻评估方法,基于Rint模型,根据在充放电过程中电流反向会经过零点这一特点估算出蓄电池内阻,并对算法进行仿真验证。通过对某高轨卫星和某低轨卫星的蓄电池内阻计算,验证了该方法易于实现,具有一定的准确性和稳定性。

第10章研究并设计了基于最大功率点追踪技术的电源管理系统。由于电源管理系统中的功率调节元件需要工作在额定电压下,因此模块之间一般采取串联方式以提高热电堆开路电压。此时,热电堆电路结构的可靠性会下降,需要设计旁路切换电路以提高电路可靠性,避免个别温差发电模块的损坏带来的整个系统的失效。

第11章介绍了常用的开发语言环境下流行的机器学习平台,对本书中异常检测方法的程序实现进行了介绍。

第12章为结论,对本书的研究工作和试验结果进行总结归纳,并对在卫星异常状态检测中的应用做出进一步的展望。

参考文献

[1] 朱大奇. 电子设备故障诊断原理与实践[M]. 北京:电子工业出版社,2004.

[2] 刘春生,胡寿松. 一类基于状态估计的非线性系统的智能故障诊断[J]. 控制与决策,2005,20(5):557-561.

[3] IREM Y T, ROBERT B S. Mapping function to failure mode during component development[J]. Research in Engineering Design,2003,14:25-73.

[4] RATTIKORN H, JOHN L. Knowledge Discovery with Second - Order Relations[J]. Knowledge and Information Systems,2002,4:413-439.

[5] XIONG N, LITZ L, RESSOM H. Learning Premises of Fuzzy Rules for Knowledge Acquisition in Classification Problems[J]. Knowledge and Information Systems,2002,4:96-111.

[6] ONG S K, AN N, NEE A Y C. Web - Based Fault Diagnostic and Learning System[J]. The International Journal of Advanced Manufacturing Technology,2001,18:502-511.

[7] 赵翔,李著信,萧德云. 故障诊断技术的研究现状与发展趋势[J]. 机床与液压,2002(4):3-6,133.

[8] 李维铮,孟桥. 基于遥测数据动态特征的卫星异常检测方法[J]. 空间科学学报,2014,34(2):201-207.

[9] 程惠涛,黄文虎,姜兴渭. 基于灰色模型的故障预报技术及其在空间推进系统上的应用[J]. 推进技术,1998,19(3):74-77.

[10] 孙波,张雷,王华茂. 卫星 PHM 系统设计技术研究[J]. 计算机测量与控制,2013,21(3):554-559.

[11] 时旺,孙宇锋,王自力,等. PHM 系统及其故障预测模型研究[J]. 火力与指挥控制,2009,34(10):29-32,35.

[12] 刘雷,高关根,寇磊,等. 卫星导航接收设备健康管理技术研究[J]. 计算机测量与控制,2019,27(1):13-16,21.

[13] 肖宁. 基于遥测数据的无人机地面健康管理软件研制[D]. 哈尔滨:哈尔滨工业大学,2021.

[14] 杨泽. 基于状态估计与融合预测的 PHM 方法研究[D]. 哈尔滨:哈尔滨工业大学,2020.

第 2 章
卫星遥测数据预处理技术

卫星遥测数据是表征卫星运行状态正常与否的重要数据,本章着重对卫星电源遥测数据特征进行分析,研究遥测参数的分类以及遥测数据的分析处理方法。

2.1 卫星遥测数据特征分析

卫星在轨运行过程中,由于内部元器件的性能衰退和空间环境复杂,一些参数会产生区别于正常参数的异常,这些异常趋势不明显,无法用传统的阈值法进行检测,且这些异常趋势积累到一定程度,就可能演变成故障,对这些异常数据进行提取分析和预测,以达到提前预警的目的尤为必要。异常数据由遥测数据组成,因此可以通过分析遥测数据,进而对卫星进行异常检测。

2.1.1 卫星遥测数据

卫星遥测数据是指通过技术手段将获得的卫星和导弹内部的表征它们工作状态与工作参数,航天员的生物医学参数、各种工程参数、科学研究参数、侦察参数、环境参数等转换为无线电信号,经过远距离传输到地面测控站的数据。遥测数据主要为试验证明卫星的设计构造、监测卫星的在轨运行状态、获取任务或试验数据、检测卫星故障和其他辅助测量服务[1]。

卫星遥测参数种类繁多,数量大,卫星设计方并不能随意设置无限多的遥测点对卫星参数进行采集测量。设置遥测参数的原则是,在满足各种硬件条件的情况下尽可能保证任务试验的需要,只采集对测量有意义的数据。

卫星的每个分系统都分配着相应的只属于自己的遥测通道,这些通道只接收相应分系统的遥测数据。遥测数据通常有卫星姿态、电流、电压、温度、太阳帆板角、压力、功率等参数。

2.1.2 卫星遥测数据的分类

卫星遥测数据种类繁多,按照遥测数据的记录方式可分为模拟量和数字量[2]。模拟量是指各系统电压、电流等实际的输出值;数字量是指卫星上各元器件的功能状态,如1表示开关闭合,0表示开关断开。这类遥测数据的数值一般固定,意义明显,很容易被阈值检测出是否异常,因此数字量遥测可以通过阈值法对其进行异常状态检测。

模拟量通常变化较平稳,工程上也利用阈值法对其进行检测,一旦通过阈值法检测出模拟量,就说明该模拟量已经有明显变化,即已经达到了发生故障的程度。也有些模拟量变化平稳,且在阈值上下限内变化,本书研究的卫星遥测数据就是模拟量。

对卫星参数进行异常检测,针对可由单个参数判断卫星运行状态的测点,通过分析单个遥测参数数据的变化情况即可判断该测点的状态。但是,单遥测参数检测适用于特定参数的分析。对于由多个元器件组成的分系统,单个遥测参数不能全面地反映部件或分系统的异常情况,可信度较低。例如,太阳电池组件由若干电池串联、并联而成,一个太阳电池异常并不能说明太阳电池组件异常,因此应采用多参数联合检测的方法对部件或分系统的状态进行综合判断。为了全面分析卫星的异常状态,本章从单参数和多参数两方面进行研究。

2.2 卫星遥测数据预处理方法

卫星遥测数据通常是含有噪声的和不完整的数据,在这样的数据集合上进行数据挖掘,分析状态特征往往得不到理想的结果。因此,需要在数据挖掘之前对数据进行预处理,即对数据进行清洗,消除原始信号的噪声,保留真实数据。数据预处理能够很好地改进数据的质量,从而提高数据挖掘算法的精度和性能。常见的数据预处理包括剔除野值点、填补缺失数据、平滑噪声数据、识别或去除异常数据等。其中,剔除野值点和填补缺失数据是数据预处理中最重要的环节。

2.2.1 野值处理

遥测数据的采集过程受传感器、变换器以及无线电传输过程的干扰,接收数据经常会产生异常跳变点,即测量设备及传输过程造成的不正确点,这种与测量信号变化趋势差别较大的数据点称为野值。数据野值严重影响遥测信号的处理和分析结果,会为电压、温度等缓变类信号野值点提供错误信息;而对于指令和阶跃等速变类信号,野值会产生虚假的谐频成分,提高噪声总量级,对测量数据的总能量给出偏大的错误估计。

野值剔除能消除数据流中随机出现的含误差较大的测量值,以保证遥测数据的真实性和准确性。剔除野值常用的方法有目测法、均方值法、点判别法、莱特(PauTa)准则和肖维涅法等。其中最常用的方法为莱特准则。针对不同类型的遥测数据应采用不同的野值剔除方法。下面重点介绍针对缓变数据常用的莱特准则、自适应变系数的莱特准则和剔除趋势后的变系数莱特准则,以及针对速变数据常用的浮动中心值的自适应滤波器方法。

测量数据的分布大多接近于正态分布,在这种情况下异常数据的剔除用得最多的是莱特准则。

1. 缓变数据的野值处理方法

1)莱特准则

用莱特准则判断粗大误差的依据是将已经确定的置信概率 99.7% 以及测量值的 3σ 作为规范,一旦误差超过此规范,就可以确定这个误差不属于随机误差,而属于粗大误差。若测量值包含粗大误差,则其称为异常值。异常值是不可取的[2],应该从测量数据中剔除。

(1)理论基础及技术方法。莱特准则的基本理论:对于采集的 n 个数据的测量值 $X_1, X_2, \cdots, X_n$,计算算术平均值 $\dfrac{\sum\limits_{i=1}^{n} X_i}{n} = \overline{X}$,以及剩余误差 $v_i = X_i - \overline{X}$;使用贝塞尔法得出均方根偏差 $\sigma = \left(\dfrac{\sum v_i^2}{n-1} \right)^{\frac{1}{2}}$。

判断过程(设 v_i 服从正态分布,那么测量值也服从正态分布):如果 $|X_i - \overline{X}| > 3\sigma$,那么 X_i 为粗大误差,应舍去;如果 $|X_i - \overline{X}| \leq 3\sigma$,那么 X_i 为正常数据,应保留。

以概率论与统计原理为依据,如果误差服从正态分布,那么误差大于 3σ 时所得到的观测数据出现的概率小于 0.003,实质上就是进行 300 次的试验后得到的观测数据中能有 1 次出现的情况。如果使用莱特准则排除粗差,那么舍去的概率非常小,所以有的时候会将不合适的异常值保留下来。

莱特准则在实施流程如图 2-1 所示。

(2)实例验证。**实例 1:**从文献[3]提

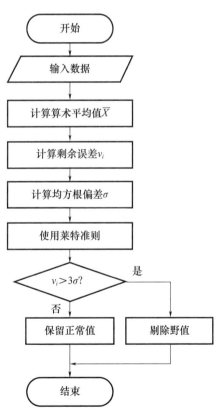

图 2-1 莱特准则的实施流程

供的某型号飞行试验遥测参数中选择一组数据,如表2-1所列。这个采样数据属于缓变数据,数据趋势如图2-2所示,第3s、8s、13s时的数据是野值点。

表2-1 遥测参数的采样数据

时刻/s	数据	时刻/s	数据
1	3.52	9	3.16
2	3.52	10	2.98
3	13.52	11	2.62
4	3.34	12	2.26
5	3.52	13	-11.13
6	3.52	14	1.72
7	3.52	15	1.72
8	-23.16	16	1.54

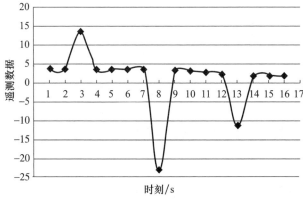

图2-2 遥测数据趋势

现使用莱特准则剔除上述数据中存在的野值点。首先计算出这组数据的平均值 $\bar{x} = 1.0106$,然后计算出数据的剩余误差(表2-2)。

表2-2 遥测参数的剩余误差

时刻/s	剩余误差	时刻/s	剩余误差
1	2.5094	9	2.1494
2	2.5094	10	1.9694
3	12.5094	11	1.6094
4	2.3294	12	1.2494
5	2.5094	13	-12.1406
6	2.5094	14	0.7094
7	2.5094	15	0.7094
8	-24.1706	16	0.5294

根据剩余误差可以计算得到这组数据的均方根偏差为 7.9118。通过上述莱特准则的判据,可以看出只有第 8s 时刻的数据值大于 3σ,属于粗大误差,应剔除。图 2-3 为剔除野值后遥测数据趋势。

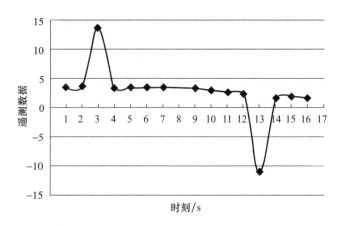

图 2-3 剔除野值点后的遥测数据趋势

(3)结果分析。通过实例可以看出,莱特准则的优点是计算简单,可以对数据偏差特别大的野值点(第 8s 时的数据点)进行剔除;但对于偏差不特别大的野值点莱特准则无法剔除。其主要原因是野值点的判断准则是以 3σ 为边界,边界太宽,以至于某些野值点并未超出边界而被保留下来。针对这一问题,可以考虑采用自适应变系数的莱特准则。

2)自适应变系数的莱特准则

(1)理论基础及技术方法。该方法的基本思路是将莱特准则判据的 3σ 变为 $k\sigma$,系数 k 分成两个变量来考虑,即

$$k = h + h_1$$

h_1 为初值,是由用户根据参数不同而选取的一个初始编码值。选取时需考虑两个准则:一是 h_1 过大,则滤波"窗口"过大,某些野值点难以剔除;二是 h_1 过小,则滤波速度太慢。所以数据处理人员应根据实践经验选取适中的初值。

h 为一个固定步长值,由算法模块自动设置。滤波过程中 h_1 的"窗口"值过小,致使某些正常值也被滤掉时,逐次扩大"窗口"值,即每次使 $K = k + h$,直到使滤波后正常值的采样点数大于 1/2 滤波前的采样点数为止。其判断公式如下:

$$\sigma = \sqrt{\frac{1}{N-1}\sum_{i=1}^{N}(x_i - \bar{x})^2} \quad (2-1)$$

式中:$\bar{x}$ 为采样数据的算术平均值;N 为采样点数;$V_i = |x_i - \bar{x}|$。

当 $V_i > k\sigma$ 时,第 i 点对应的值 x_i 即为野值,应剔除。

自适应变系数的莱特准则流程如图 2-4 所示。

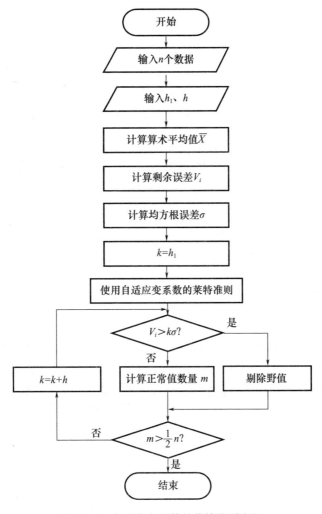

图2-4 自适应变系数的莱特准则流程

(2)实例验证。对于表2-1中的遥测数据应用自适应变系数的莱特准则进行分析。

这组数据的算术平均值 $\bar{x} = 1.0106$,均方根误差 $\sigma = 7.9118$。当 $k=1.5$ 时,$k\sigma = 11.8677$,根据表2-2的各时刻剩余误差,则可以判断出第3s、8s、13s时刻的数据是野值,应剔除。图2-5为剔除野值后的遥测数据的趋势。

实例2:选择另一组不同变化规律的遥测数据如表2-3,来说明应用自适应变系数的莱特准则剔除野值时存在的问题。这组数据对应的变化趋势如图2-6所示,该遥测数据也属于缓变数据。

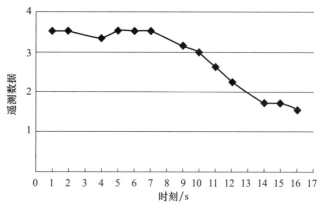

图 2-5 自适应变系数莱特准则剔除野值后的遥测数据趋势

表 2-3 遥测参数的采样数据

时刻/s	数据	时刻/s	数据
1	-43.6	9	-13.2
2	-30.5	10	-2.9
3	-14	11	-8
4	22	12	-10
5	13.6	13	-7
6	17.8	14	-3.9
7	16.7	15	-0.9
8	9.5	16	1.2

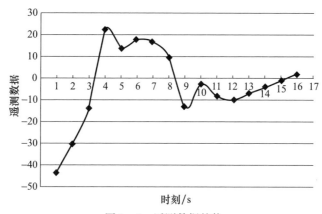

图 2-6 遥测数据趋势

利用自适应变系数的莱特准则对这组数据进行分析。首先,计算得到这组数据的算术平均值 $\bar{x} = -3.3250$,均方根误差 $\sigma = 17.5468$;然后,计算出这组数据的剩余误差,见表 2-4。

表2-4 遥测参数的剩余误差

时刻/s	剩余误差	时刻/s	剩余误差
1	-40.2750	9	9.8750
2	-27.1750	10	0.4250
3	-10.6750	11	4.6750
4	25.3250	12	6.6750
5	16.9250	13	3.6750
6	21.1250	14	0.5750
7	20.0250	15	2.4250
8	12.8250	16	4.5250

根据自适应变系数的莱特准则，如果 $k=1$ 时满足滤波后正常值的采样点数大于滤波前采样点数，则 $k\sigma = 17.5468$，据此可以判断第1s、2s、4s、6s、7s的数据为野值，应剔除。图2-7所示为剔除野值后的遥测数据趋势。

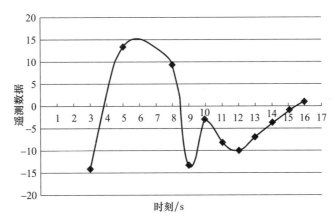

图2-7 自适应变系数的莱特准则剔除野值后的遥测数据趋势

（3）结果分析。利用自适应变系数的莱特准则对实例1的数据进行处理，可以准确地判断出第3s、8s、13s时的数据是野值。说明自适应变系数的莱特准则能很好地解决莱特准则的局限性。自适应变系数的莱特准则的优点是能控制判据边界的大小，对于一些变动范围不大的野值点也能进行很好地识别。其缺点是：k 选取存在人的主观因素，因此对于野值点的判断也会因人而异，无法进行统一。

通过对实例2具有缓变趋势的数据进行野值识别分析并与文献[3]。中的分析进行对比，可以发现自适应变系数的莱特准则在处理这种具有缓变趋势的数据时容易将超过 3σ 的正常值误认为野值。其主要原因是具有缓变趋势的数据中某些数据的变化范围超过了自适应变系数的莱特准则的判据边界。因此，针对这种情况考虑应先提取数据趋势，再应用自适应变系数的莱特准则。

3）剔除趋势后的变系数莱特准则

（1）理论基础及技术方法。该方法的基本思路是：先将数据本身的趋势提取出来，再对剩余的数据使用自适应变系数的莱特准则进行野值识别，之后将剔除野值后的数据与趋势项进行合成，该方法的数据处理流程如下：

① 对原始数据 $\tilde{x}_1, \tilde{x}_2, \cdots, \tilde{x}_n$ 进行分析，求出其对应的趋势数据 $\breve{x}_1, \breve{x}_2, \cdots, \breve{x}_n$；

② 求得提取趋势数据后的遥测数据 $x_i = \tilde{x}_i - \breve{x}_i (i = 1, 2, \cdots, n)$；

③ 利用自适应变系数的莱特准则对不含趋势数据的遥测数据 x_i 进行分析，剔除野值；

④ 将剔除野值后的数据 x_i 与趋势数据 $\breve{x}_i$ 进行合成，即为剔除野值点后的原始数据。

（2）实例验证。首先对表2-3给出的某高轨卫星遥测数据进行分析，得到数据趋势如图2-8所示。剔除趋势后的遥测数据见表2-5，这时遥测数据对应的数据变化曲线如图2-9所示。

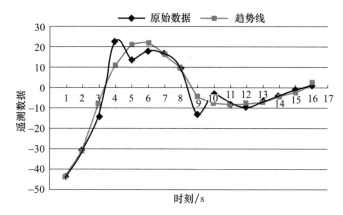

图2-8 某高轨卫星遥测数据及其趋势

表2-5 剔除趋势后的遥测数据

时刻/s	数据	时刻/s	数据
1	0.29	9	-9.01
2	0.43	10	4.64
3	-5.81	11	0.45
4	11.28	12	-1.78
5	-6.89	13	-0.19
6	-3.37	14	0.21
7	0.78	15	1.68
8	0.36	16	-1.33

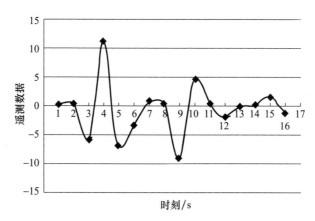

图 2-9 剔除趋势后的遥测数据变化曲线

对表 2-5 中的数据应用自适应变系数的莱特准则进行分析。其算术平均值 $\tilde{x}=-0.5163$,均方根误差 $\sigma=4.5230$,进而计算出这组数据的剩余误差,见表 2-6。

表 2-6 剔除趋势后遥测数据的剩余误差

时刻/s	剩余误差	时刻/s	剩余误差
1	0.8063	9	-8.4938
2	0.9463	10	5.1563
3	-5.2938	11	0.9663
4	11.7963	12	-1.2638
5	-6.3738	13	0.3263
6	-2.8538	14	0.7263
7	1.2963	15	2.1963
8	0.8763	16	-0.8138

如果 $k=2$ 时满足滤波后正常值的采样点数大于滤波前采样点数,则 $k\sigma=9.0460$,可以判断第 4s 的数值为野值,应剔除;再将剔除野值后的数据与趋势项进行合并,得到剔除野值后的遥测数据,如图 2-10 所示。

(3)结果分析。运用剔除趋势后的变系数莱特准则将进行野值识别的结果与文献[3]中的结果进行对比,可以发现此方法不仅可以剔除野值,而且能很好地避免将正常点误认为野值。因此,剔除趋势后的变系数莱特准则能有效解决具有缓变趋势的数据野值剔除问题。

剔除趋势后的变系数莱特准则的优点是能很好地识别野值点,并能避免将正常点误认为野值的情况发生。其主要继承了自适应变系数的莱特准则的缺点。

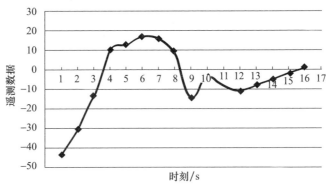

图 2 – 10　剔除野值后的遥测数据趋势

2. 速变数据的野值处理方法

阶跃或指令类型的速变数据的野值处理主要采用基于浮动中心值的自适应滤波器的方法,完成从混有干扰的数据中提取所需数据的工作。这类参数的处理工作包括:准确给出参数跳变的时间;准确给出参数的跳变幅度,并判别该幅度所表示的各种指令动作,或计算相应的物理量。

1)理论基础及技术方法

该方法处理的难点:一是混有跳变的野值,增加了判别真伪的困难,难以给出准确的时间前沿;二是判出跳跃台阶后,台阶中仍可能混有野值,难以求得准确的跳变幅度。针对上述情况设计了具有自适应能力的二次滤波器,其工作原理:第一次滤波完成初判是"真跳"还是"假跳"的问题。当判出第一个大于 H_1(H_1 为参数跳变的正常幅度,以编码分层值表示)值时,记下该采样点的编码分层值及其对应的时间,并连续判其后几个点(一般 $n=3$),直到判出连续的 n 个点都发生跳跃,而且幅度都大于 H_1 值时,才算第一次滤波"合格"。

若第一次滤波情况合格,则对第一次滤波合格的几个点进行第二次滤波,其过程如下。

(1)依次以第一次滤波后的各测量值为中心值求各滤波后的测量值与该中心值之差的绝对值的和:

$$y_j = \sum_{i=1}^{n} |x_i - x_j| (j = 1, 2, \cdots, n)。$$

(2)求 y_j 中最小值 $Y_{\min}(y_1, y_2, \cdots, y_n)$,可得与 $Y_{\min}$ 对应的中心值 $x_{\min}$。

(3)利用"窗口"值 H_2(H_2 数据发生改变之后的正常值幅度,用分层的编码表示)、中心值 $x_{\min}$,进行第二次滤波,依次判出 $|x_i - x_{\min}|$($i = 1, 2, \cdots, n$),当 $|x_i - x_{\min}| < H_2$ 时, x_i 为合格点。

(4)判出第二次滤波后的合格点数,当其大于 1/2 两次滤波前的采样点时,则完成最终判别——确定第 1 跳点的幅度值与时间点合格。

浮动中心值的自适应滤波器的流程如图 2-11 所示。

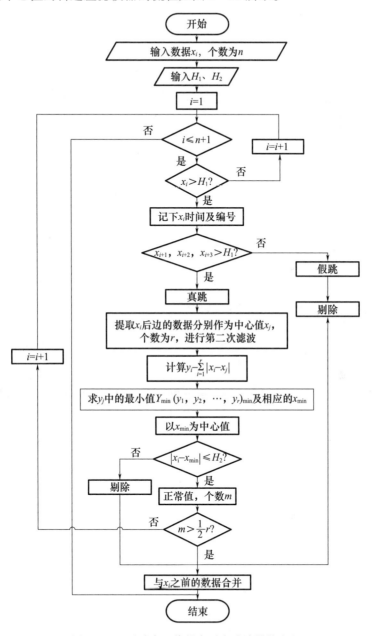

图 2-11　浮动中心值的自适应滤波器的流程

2）实例验证

实例 3：从文献[1]提供的某指令参数中选择一组数据,如表 2-7 所列。其对应的变化趋势如图 2-12 所示。

表2-7 某指令参数表

时刻/s	数据	时刻/s	数据	时刻/s	数据	时刻/s	数据
1	2.145	7	4.569	13	4.679	19	80.56
2	3.015	8	4.569	14	5.191	20	81.45
3	4.231	9	88.56	15	99.91	21	81.45
4	3.564	10	88.56	16	90.56	22	82.15
5	3.214	11	0.569	17	81.34	23	81.36
6	4.156	12	1.961	18	83.65	24	83.34

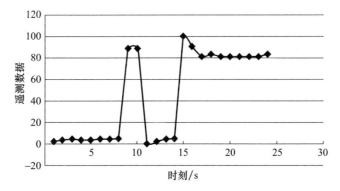

图2-12 某指令参数变化趋势图

(1)第一次滤波,对表2-7中的指令数据进行分析可以得到这组数据共有两次跳变,如表2-8所列。假设$H_1=80$,则由上述的第一次滤波的判据可以判断出第一次跳变时间段的第一次滤波不合格,属于假跳,跳变点为野值,应予以剔除。第二次跳变时间段的第一次滤波合格,属于有效跳变,接着进行第二次滤波。

(2)第二次滤波,通过第一次滤波处理,可以得到经第一次滤波后的合格数据点,如表2-9所列。

表2-8 两次跳变的第一次滤波

第一次跳变时间段		第二次跳变时间段	
时刻/s	数据	时刻/s	数据
7	4.569	14	5.191
8	4.569	15	99.91
9	88.56	16	90.56
10	88.56	17	81.34
11	0.569	18	83.65
12	21.961	19	80.56

表 2-9　第一次滤波合格后的数据

时刻/s	数据	时刻/s	数据
15	99.91	20	81.45
16	90.56	21	81.45
17	81.34	22	82.15
18	83.65	23	81.36
19	80.56	24	83.34

依次以第一次滤波后的各测量值为中心值计算得到各滤波后的测量值与该中心值之差的绝对值的和 $y_i(i=1,2,\cdots,10)$，见表 2-10。

表 2-10　第一次滤波合格后的点与中心值的差值绝对值的和

i	y_i	i	y_i
1	152.42	6	33.45
2	78.53	7	33.45
3	33.84	8	33.45
4	37.07	9	33.81
5	39.17	10	35.83

计算求得 y_i 中的最小值对应 $i=\{6,7,8\}$，其对应的中心值为 81.45 和 82.15。进而求得 $|x_i-x_{\min}|$ 的值如表 2-11 所列。若选择 $H_2=3$，则可判断出 $i=\{1,2\}$ 的点是野值点，应予以剔除。综合第一次滤波的结果，则可判断出表 2-7 中第 9s、10s、15s、16s 的点是野值，应予以剔除，剔除后的数据趋势图如图 2-13 所示。

表 2-11　第一次滤波合格后的点与中心值的差值

i	x_6	x_7	x_8
1	18.46	18.46	17.76
2	9.11	9.11	8.41
3	0.11	0.11	0.81
4	2.2	2.2	1.5
5	0.89	0.89	1.59
6	0	0	0.7
7	0	0	0.7
8	0.7	0.7	0
9	0.09	0.09	0.79
10	1.89	1.89	1.19

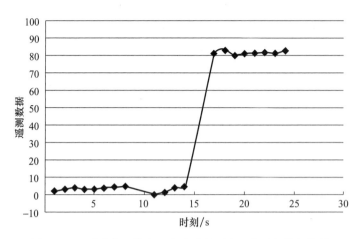

图 2-13　浮动中心值自适应滤波器剔除野值后的数据趋势

（3）结果分析。通过上述示例可以看出,基于浮动中心值的自适应滤波器的野值剔除方法能够很好地剔除指令、阶跃类参数的野值。其优点是能很好地识别指令、阶跃类参数中的野值和信号的实际跳变,并对实际跳变前和实际跳变后的数据野值进行很好地识别。浮动中心值自适应滤波器的缺点是判断条件中 H_1、H_2 的选取没有明确的数学公式,只能通过经验进行选取,在选取中可能会存在一定的误差。

2.2.2　数据的填补方法

卫星遥测数据通常存在着数据集不完整、数据冗余等情况。正是由于这些数据的存在,才使数据分析结果出现比较大的偏差,造成信息系统的不完整和错误。而缺失值是指在某个数据集中某个数据或者某些数据属性值是不完的,从而导致在数据收集阶段数据丢失。

大部分数据的漏缺是因为在数据采集、传送过程中出现空值、错误、超出范围以及不合标准的数据。数据缺失的原因有机械因素和人为因素。机械因素造成数据缺失的情况是机械故障,例如存储器出现错误以及数据的存储失败而造成的数据遗失；或者所需要的机械设备昂贵,得到数据所要付出的资本过多而选择性放弃产生的数据缺失；或者因为系统所需要的更新速度过快,但是设备的硬件要求不符合其要求。人为因素则是个人的主观决策失误、故意隐藏或者时间的局限性而引起的数据丢失。

选择处理缺失值的方法主要依据是数据的类型,此外还要考虑数据缺失的原因。缺失值的缺失体系在数据分析阶段所发挥的作用曾经被人忽视,1976 年 Rubin 提出的理论中对其做出了准确的定义。

在 Roderick J. A. Little、Donald B. Rubin 所著的《缺失数据统计分析》中对缺失值的缺失系统进行了完整的叙述,缺失值的缺失机制可以分为完全随机缺失(missing completely at random,MCAR)、随机缺失(missing at random,MAR)和非随机缺失(not missing at random,NMAR)[4]。

完全随机缺失机制缺失的随机性最高,在数据收集过程中数据发生缺失的概率和已经观察得到的数据与缺失的数据都没有关系。在完全随机缺失机制中,可以使用所有的缺失值处理方案,而不用担心缺失值处理方法会对数据集整体造成误差。

本书根据卫星遥测数据的特点重点研究完全随机缺失机制下数据缺失值的填补方法,主要包括均值填补方法和回归填补方法。

1. 均值填补方法

均值填补法的主要依据是将已得到数据的均值代替缺失数据从而对缺失值进行填充。

均值填补法具有局限性,因为其只能在缺失值完全随机缺失的情况下为总体均值和总量供给无偏估计。从总体中随机抽取样本容量为 n 的样本 s,将样本目标标为 $y_1,y_2,\cdots,y_n$,另外将回答集合设为 s_r,回答个数设定为 r 个,缺失集合设为 s_{n-r},那么缺失值的个数就为 $n-r$ 个,样本的组成就可以设定为前 r 个为回答数据,后 $n-r$ 个为缺失数据 $(y_1,y_2,\cdots,y_r,y_{r+1},\cdots,y_n)$。

缺失数据 y_i^* 用回答数据的均值 $\bar{y}_r$ 插补,有

$$\bar{y}_r = \frac{1}{r}\sum_{i\in S_r} y_i (i = 1,2,\cdots,n) \quad (2-2)$$

均值填补的流程如图 2-14 所示。

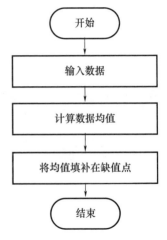

图 2-14 均值填补的流程

1) 实例验证

利用 2.1.1 节中经过自适应变系数的莱特准则剔除野值点后的数据进行数据的均值填补。剔除野值点后的数据如表 2-12 所列。

表 2-12 剔除野值点后的数据

时刻/s	数据	时刻/s	数据
1	3.52	10	2.98
2	3.52	11	2.62
4	3.34	12	2.26
5	3.52	14	1.72
6	3.52	15	1.72
7	3.52	16	1.54
9	3.16		

针对这组数据,利用均值计算公式求得均值 $\bar{y}_r = 2.8415$。将求得的均值填补到剔除数据的位置,经过均值填补后的数据曲线如图 2-15 所示。

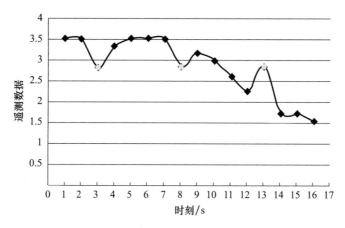

图 2-15　经过均值填补后的数据曲线

2) 结果分析

通过上述实例可以看出,利用均值填补方法可以对缺值点进行填补。均值填补方法的优点是在数据填补时无法知道要填补数据相对于已知数据的大小关系,因此使用均值填补可以避免所填补的数据出现过大或过小的情况。其缺点是使用均值填补时所有的填补点都为相同的数据值,在数据本身存在缓变趋势时,利用均值填补后的数据在一定程度上相对于总体数据来说在一定程度上影响总体的变化,使总体数据产生波动。下面介绍总体数据变化趋势的回归填补法。

2. 回归填补法

回归填补法的基本思想是通过构建已知数据的回归方程,利用回归方程对缺失点进行预测,实现数据的填补。

这种方法在实际应用时操作很简易,首先挑选预先测定缺失值的时候所需要的辅助变量,然后建立所要使用的回归方程,对缺失的点进行填补[5]。回归填补的具体理论如下。

设样本总体 U 的样本容量为 n,可以从样本总体 U 中随机抽选出样本容量为 n 的样本 s,设目标变量为 y,辅助变量为 X,目标变量 y 对于一些样本单元来说有一定的缺失,而辅助变量 X 对于每个样本总体来说是已知的。设 r 个样本单元已知目标变量 y,那么有 $n-r$ 个样本单元是缺失的,s_r 为关于变量 y 的已知集合,s_{n-r} 为缺失集合。对 s_{n-r} 中的单元进行回归填补:

$$\hat{y}_i = \bar{y}_r + b(x_i - \bar{x}_r) \tag{2-3}$$

式中

$$\bar{x}_r = \frac{1}{r}\sum_{i \in S_r} x_i, \bar{y}_r = \frac{1}{r}\sum_{i \in S_r} y_i, b = \frac{S_{xy1}}{S_{x1}^2} \tag{2-4}$$

$$S_{xy1} = \frac{1}{r-1}\sum_{i \in S_r}(x_i - \bar{x}_r)(y_i - \bar{y}_r) \qquad (2-5)$$

$$S_{x1}^2 = \frac{1}{r-1}\sum_{i \in S_r}(x_i - \bar{x}_r)^2 \qquad (2-6)$$

则总体均值的填补估计为

$$\begin{aligned}\bar{y}_{RR1} &= \frac{1}{n}\sum_{i=1}^{n}y_i = \frac{1}{n}\Big[\sum_{i \in S_n}y_i + \sum_{i \in S_{n-r}}\hat{y}_i\Big] \\ &= \frac{1}{n}[r\bar{y}_r + (n-r)\bar{y}_r + b(n\bar{x} - r\bar{x}_r) - b(n-r)\bar{x}_r] \\ &= \bar{y}_r + b(\bar{x} - \bar{x}_r) \end{aligned} \qquad (2-7)$$

回归填补法流程如图 2 - 16 所示。

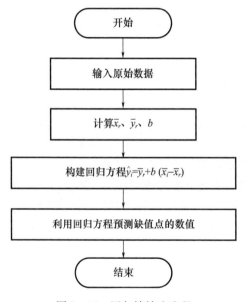

图 2 - 16　回归填补法流程

1）实例验证

对表 2 - 10 中列出的剔除野值后的数据，利用回归填补方法进行数据的回归填补。

首先，利用计算公式求得回归方程的参数，$\bar{x}_r = 8.6154, \bar{y}_r = 2.8415, S_{xy1} = -3.5227, S_{x1}^2 = 24.0897$，有

$$b = \frac{S_{xy1}}{S_{x1}^2} = \frac{-3.5227}{24.0897} = -0.1462$$

然后，得到用于缺失数据回归填补的回归方程为

$$\hat{y}_i = \bar{y}_r + b(x_i - \bar{x}_r) = 2.8415 - 0.1462(x_i - 8.6154) \qquad (2-8)$$

依据回归方程可以对第 3s、8s、13s 时的缺失数据进行预测,预测值分别为 3.6625、2.9315 和 2.2005。回归填补后的数据曲线如图 2-17 所示。

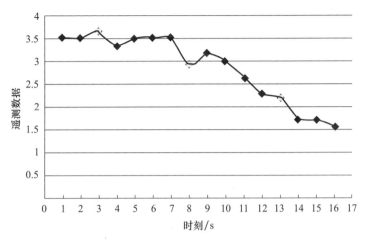

图 2-17 回归填补后的数据曲线

2) 结果分析

通过上述的实例可以看出,利用回归填补法可以达到对缺值点进行插补的目的。回归填补法的优点:回归填补简单易行,并充分考虑已知数据的变化趋势,所填补的数据相对于已知数据的变化趋势来说有较小的波动。其缺点:回归分析所建立的方程为线性的并不能充分考虑到所有已知数据点的趋势。因此,对于变化规律复杂的数据还需要建立非线性回归方程,才能实现准确的预测,其实现过程比较复杂。

2.2.3 数据归一化

为了去除数据量纲和数据大小的差异,确保数据在同一量纲或者同一数量级下进行比较,需要把有量纲表达式变为无量纲表达式,成为纯量,从而消除量纲和数量级的影响,改变数据在分析中的权重以解决不同度量的问题,提高机器学习模型的收敛速度和泛化能力,提高预测精度。因此,要对数据进行规范化,即归一化处理[6]。通常是将数据映射到 0~1 范围内或者 -1~1 范围内,具体归一到哪个区间需根据模型的激活函数来确定。常用的归一化方法有最小-最大归一化、零-均值归一化和小数定标归一化,以上三种方法均是对原始数据的等比例缩放。

最小-最大归一化也称离差标准化,具体的转化如下:

$$x_{nor}(t) = \frac{x(t) - x_{min}(t)}{x_{max}(t) - x_{min}(t)} \quad (2-9)$$

式中：$x(t)$ 为归一化前的数据；$x_{nor}(t)$ 为归一化后的数据；x_{min} 和 x_{max} 分别为一段遥测参数序列的最小值和最大值。这种归一化方法是将数据映射到 $[0,1]$ 区间。

零-均值归一化也称标准差标准化[7]，经过处理的数据均值为0、标准差为1，表达如下：

$$x_{nor}(t) = \frac{x(t) - \bar{x}}{\sigma} \quad (2-10)$$

式中：$\bar{x}$ 为一段遥测参数序列所有数据的均值；σ 为所有数据的标准差。

这种方法是当前应用最多的归一化方法。

小数标定归一化是通过移动数据的小数位数，将数据映射到 $[-1,1]$ 区间，移动的小数位数取决于数据绝对值的最大值[8]，表达如下：

$$x_{nor}(t) = \frac{x(t)}{10^k} \quad (2-11)$$

图2-18是根据回归填补后数据进行的最小-最大归一化处理。由图可以看出，归一化只改变了数据的大小，但是没有改变原有的变化趋势。

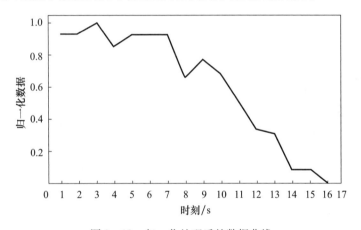

图2-18 归一化处理后的数据曲线

2.3 本章小结

本章以卫星遥测数据基础，首先介绍了遥测数据的特性、设置规则和分类情况，着重分析了卫星遥测数据的四种野值处理方法，即对于缓变数据常用的莱特准则、自适应变系数的莱特准则和剔除趋势后的变系数莱特准则，对于速变数据常用的浮动中心值的自适应滤波器的方法；然后讨论了两种数据的填补方法，即均值填补方法与回归填补法；最后对数据归一化处理的作用做了说明。

参考文献

[1] 黄峥. 国外兵器遥测技术的发展现状及国内兵器遥测技术发展的需求[J]. 探测与控制学报,2000(1):1-4.
[2] 刘智敏. 误差与数据处理[M]. 北京:原子能出版社,1981.
[3] 张宗林. 遥测数据中的野值剔除[J]. 遥测技术,1986,7(2):31-33.
[4] Roderick J. A. Little, Donald B. Rubin. Statistical Analysis With Missing Data[M]. Third Edition Hoboken:WILEY,2019.
[5] 杨仁宝,祝转民,孟宪贵,等. 组件化遥测处理方法的设计与实现[J]. 测试技术学报,2010,24(4):299-302.
[6] 段立娟,高文,王伟强. 时序数据库中相似序列的挖掘[J]. 计算机科学,2000(5):39-44.
[7] 陈红英,张昌明,何晶,等. 基于正则表达式的遥测数据预处理研究[J]. 舰船电子工程,2015,35(12):130-133.
[8] 刘利生. 外弹道测量数据处理[M]. 北京:国防工业出版社,2002.

第3章
机器学习基本理论及模型

3.1 机器学习基本理论

机器学习算法是一种能够从数据中学习的算法。1997年,Mitchel给出了学习简洁的定义:"对于某类任务 T 和性能度量 P,一个计算机程序被认为可以从经验 E 中学习,是指通过经验 E 改进后,它在任务 T 上由性能度量 P 衡量的性能有所提升。"经验 E、任务 T 和性能度量 P 的定义范围非常宽广,本书不再解释这些定义的具体意义,仅介绍最通用的机器学习模型,并尝试将这些模型同卫星遥测参数的异常检测方法相结合。

机器学习可以帮助人们解决一些人为设计和使用确定性程序难以解决的问题。从科学和哲学的角度来看,机器学习之所以受到人们关注,是因为提高对机器学习的认识需要提高对智能背后原理的理解。从"任务"的相对正式的定义来讲,学习过程本身不能算是任务。学习是获取完成任务的能力。例如,目标是使机器人能够行走,那么行走便是任务。可以编程让机器人学会行走,或者人工编写特定的指令指导机器人行走。机器学习任务定义通常为机器学习系统应该如何处理样本(example)。样本是指从某些希望机器学习系统处理的对象或事件中收集到的已经量化的特征(feature)的集合。通常会将样本表示成一个向量 $x \in \mathbf{R}^n$,向量中的每个元素为 x_i。

评估机器学习算法的能力,必须设计其性能的定量度量[1]。性能度量 P 通常是特定于系统执行的任务 T 而言的。对于诸如分类、缺失输入分类和转录任务,通常度量模型的准确率(accuracy)。准确率是指模型输出正确结果的样本比率。也可以通过错误率(error rate)得到相同的信息。错误率是指该模型输出错误结果的样本比率。通常把错误率称为 0-1 损失的期望。在一个特定的样本上,如果结果是对的,那么 0-1 损失是 0;否则,是 1。但是,对于密度估计这类任务而言,度量准确率、错误率或者其他类型的 0-1 损失是没有意义的。必须使用不同的性能度量,使模型对每个样本都输出一个连续数值的得分。常用的方法是输出模型在一些样本上概率对数的平均值。通常,人们会更加关注机器学习算法在未观测数据上的性能,因为这将决定其在实际应用中的性能。因此,使用测试集(test set)数据来评估系统性能,将其与训练机器学习系统的训练集数据分开。

根据学习过程中的不同经验,机器学习算法可以大致分为无监督学习算法(unsupervised learning algorithm)和有监督学习算法(supervised learning algorithm)。大部分机器学习算法可以理解为在整个数据集(data set)上获取经验。数据集是指很多样本组成的集合。有时也将样本称为数据点(data point)。无监督学习算法训练含有很多特征的数据集,可以学习这个数据集上有用的结构性质。在深度学习中通常要学习生成数据集的整个概率分布,显式地如密度估计,或是隐式地如合成或去噪。还有一些其他类型的无监督学习任务,如聚类,将数据集分成相似样本的集合。有监督学习算法训练含有很多特征的数据集,不过数据集中的样本都有一个标签(label)或目标(target)。例如,数据集注明了每个样本属于什么类型。有监督学习算法通过研究数据集,学习如何根据测量结果将样本划分为不同类型。

3.2 有监督学习

3.2.1 神经网络模型

人工神经网络模型主要考虑网络连接的拓扑结构、神经元的特征、学习规则等。目前,已有近40种神经网络模型,如反传网络、感知器、自组织映射、Hopfield网络、玻耳兹曼机、适应谐振理论等[3]。根据连接的拓扑结构,神经网络模型可以分为以下两种。

(1)前向网络。网络中各个神经元接收前一级的输入,并输出到下一级,网络中没有反馈,可以用一个有向无环路图表示。这种网络实现信号从输入空间到输出空间的变换,它的信息处理能力来自简单非线性函数的多次复合。网络结构简单,易于实现。反传网络是一种典型的前向网络。

(2)反馈网络。网络内神经元间有反馈,可以用一个无向的完备图表示。这种神经网络的信息处理是状态的变换,可以用动力学系统理论处理。系统的稳定性与联想记忆功能有密切关系。Hopfield网络、玻耳兹曼机均属于这种类型。

学习是神经网络研究的一个重要内容,它的适应性是通过学习实现的。根据环境的变化,对权值进行调整,改善系统的行为。Hebb提出的Hebb学习规则为神经网络的学习算法奠定了基础。Hebb学习规则认为,学习过程最终发生在神经元之间的突触部位,突触的联系强度随着突触前后神经元的活动而变化[4]。在此基础上,人们提出了多种学习规则和算法,以适应不同网络模型的需要。有效的学习算法使神经网络能够通过连接权值的调整,构造客观世界的内在表示,形成有特色的信息处理方法,信息存储和处理体现在网络的连接中。

根据学习环境不同,神经网络的学习方式可分为监督学习和非监督学习。在监督学习中,将训练样本的数据加到网络输入端,同时将相应的期望输出与网络输出相比较,得到误差信号,以此控制权值连接强度的调整,经多次训练后收敛到一个确定的权值。当样本情况发生变化时,经学习可以修改权值以适应新的环境。使用监督学习的神经网络模型有反传网络、感知器等。非监督学习时,事先不给定标准样本,直接将网络置于环境中,学习阶段与工作阶段成为一体。此时,学习规律的变化服从连接权值的演变方程。非监督学习最简单的例子是 Hebb 学习规则。竞争学习规则是一个更复杂的非监督学习的例子,它是根据已建立的聚类进行权值调整。自组织映射、适应谐振理论网络等都是与竞争学习有关的典型模型。

人工神经网络特有的非线性适应性信息处理能力克服了传统人工智能方法对于直觉,如模式、语音识别、非结构化信息处理方面的缺陷,使之在神经专家系统、模式识别、智能控制、组合优化、预测等领域得到成功应用。人工神经网络与其他传统方法相结合,将推动人工智能和信息处理技术不断发展。近年来,人工神经网络逐步向模拟人类认知的道路上深入发展,与模糊系统、遗传算法、进化机制等结合,形成计算智能,成为人工智能的一个重要发展方向,将在实际应用中得到发展。

神经网络具有并行处理、自适应自组织、联想记忆及容错和稳健性(robustness)等特点。由神经网络理论中的 Kolmogorov 连续性定理[2],即给定任意连续函数 $\varphi: E^m \to \mathbf{R}^m, \varphi(x) = y$,这里 E 是闭单位区间 $[0,1]$,E^m 为 m 维单位立方体,则 φ 可以精确地由一个三层神经网络来实现。任何一个时间序列都可以看成一个由非线性机制确定的输入输出系统,因此该理论保证了神经网络用于时间序列预测的可行性。又由于预测中所有的信息均来自单一的序列,所以在应用中一般使用反向传播方向来进行有记忆的训练和预测。具体地讲,可以采用 BP 神经网络进行非线性时间序列预测,可以较好地揭示非线性时间序列在时延状态空间中的相关性,从而达到预测目的。

1. BP 神经网络结构

BP 模型,即误差后向传播神经网络,是神经网络中最广泛使用的一类。BP 神经网络是典型的多层网络,它分为输入层、隐含层和输出层,层与层之间采用全连接方式。同一层单元之间不存在相互连接,如图 3-1 所示,BP 神经网络的基本处理单元(输入层单元除外)为非线性输入-输出关系,可以选用 Sigmoid、Gaussian、Relu、sine、tanh 等激活函数。处理单元的输入值、输出值可连续变化。

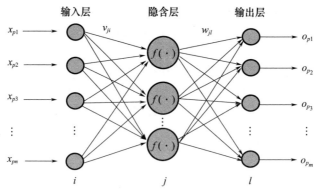

图 3-1 典型三层神经网络结构示意图

以三层结构的神经网络为例,如图 3-1 所示,输入层、隐含层和输出层的各层节点数分别为 n、m、k,其输入层一批样本总数为 P,x_{pi} 为输入层中第 p 个样本的第 i 个输入变量,y_{pj} 为隐含层中第 p 个样本的第 j 个节点输出变量,o_{pl} 为输出层中第 p 个样本的第 l 个节点的输出结果,v_{ji} 为输入层中第 i 个节点到隐含层中第 j 个节点的对应权值,w_{lj} 为隐含层中第 j 个节点到输出层中第 l 个节点的对应权值,t_{pl} 为输出层中第 p 个样本的第 l 个节点真实值。

2. BP 神经网络训练算法

隐含层第 j 个单元的输入可表示为

$$\mathrm{net}_{pj} = \sum_{i=0}^{n} v_{ji} x_{pi} \quad (x_{p0} = -1) \tag{3-1}$$

式中:v_{j0} 为隐含层单元的阈值。

隐含层单元的输出表示为

$$y_{pj} = f(\mathrm{net}_{pj}) = f\left(\sum_{i=0}^{n} v_{ji} x_{pi}\right) \quad (j = 1, 2, \cdots, m) \tag{3-2}$$

式中:f 为隐含层单元的激活函数。

类似地,输出层单元的输出可表示为

$$o_{pl} = f(\mathrm{net}_{pl}) = f\left(\sum_{j=0}^{m} w_{lj} y_{pj}\right) \quad (l = 1, 2, \cdots, k) \tag{3-3}$$

其中

$$\mathrm{net}_{pl} = \sum_{j=0}^{m} w_{lj} y_{pj}, y_{p0} = -1 \tag{3-4}$$

式中:w_{l0} 为输出层单元的阈值。

式(3-2)中,激活函数如果选取 Sigmoid 函数 $f(x) = \dfrac{1}{1+e^x}$,其倒数 $f' = f(1-f)$。学习算法的目的是通过反向学习过程使得误差最小,因此选择目标函数(误差函数)为

$$E_p = \frac{1}{2}\sum_{l=1}^{k}(t_{pl}-o_{pl})^2 \qquad (3-5)$$

$$E = \sum_{p=1}^{P}E_p = \frac{1}{2}\sum_{p=1}^{P}\sum_{l=1}^{k}(t_{pl}-o_{pl})^2 \qquad (3-6)$$

选择神经网络权值使输出 o_{pl} 与实际值 t_{pl} 之差的平方和最小。实际上,这种算法是求误差函数 E 的极小值,约束条件是式(3-1)~式(3-4)。可以利用非线性规划中的梯度下降法,使权值沿误差函数的负梯度方向改变。算法过程如下。

调整隐含层到输出层连接权值:

$$\Delta w_{lj} = -\eta\frac{\partial E}{\partial w_{lj}} = \eta\sum_{p=1}^{P}\left(-\frac{\partial E_p}{\partial w_{lj}}\right) = \eta\sum_{p=1}^{P}\left(-\frac{\partial E_p}{\partial \text{net}_{pl}}\frac{\partial \text{net}_{pl}}{\partial w_{lj}}\right) \qquad (3-7)$$

式中:η 为学习率。

定义误差为

$$\sigma_{pl} = -\frac{\partial E}{\partial \text{net}_{pl}} = -\frac{\partial E}{\partial o_{pl}}\cdot\frac{\partial o_{pl}}{\partial \text{net}_{pl}}$$

则

$$\frac{\partial E_p}{\partial o_{pl}} = \frac{\partial}{\partial o_{pl}}\left[\frac{1}{2}\sum_{l=1}^{k}(t_{pl}-o_{pl})^2\right] = -(t_{pl}-o_{pl}) \qquad (3-8)$$

$$\frac{\partial o_{pl}}{\partial \text{net}_{pl}} = o_{pl}(1-o_{pl})$$

由此可得

$$\sigma_{pl} = -o_{pl}(1-o_{pl})(t_{pl}-o_{pl}) \qquad (3-9)$$

w_{lj} 的调整幅度为

$$\Delta w_{lj} = \eta\sum_{p=1}^{P}[o_{pl}(1-o_{pl})(t_{pl}-o_{pl})y_{pj}] \qquad (3-10)$$

同理,调整输入层到隐含层的连接权值为

$$\Delta v_{ji} = -\eta\frac{\partial E}{\partial v_{ji}} = \eta\sum_{p=1}^{P}\left(-\frac{\partial E_p}{\partial v_{ji}}\right) = \eta\sum_{p=1}^{P}\left(-\frac{\partial E_p}{\partial \text{net}_{pj}}\frac{\partial \text{net}_{pj}}{\partial v_{ji}}\right) \qquad (3-11)$$

定义误差 σ_{pj} 为

$$\sigma_{pj} = -\frac{\partial E_P}{\partial \text{net}_{pj}} = -\frac{\partial E}{\partial y_{pj}}\cdot\frac{\partial y_{pj}}{\partial \text{net}_{pj}}$$

则

$$\frac{\partial E_p}{\partial y_{pj}} = \frac{\partial E_p}{\partial o_{pl}}\cdot\frac{\partial o_{pl}}{\partial \text{net}_{pl}}\cdot\frac{\partial \text{net}_{pl}}{\partial y_{pj}} = -\sum_{l=1}^{k}\sigma_{pl}w_{lj} \qquad (3-12)$$

$$\frac{\partial y_{pj}}{\partial \text{net}_{pj}} = y_{pj}(1-y_{pj})$$

由此可得到

$$\sigma_{pj} = -\frac{\partial E_P}{\partial \mathrm{net}_{pj}} = \sum_{l=1}^{k}[\sigma_{pl}w_{lj}y_{pj}(1-y_{pj})] \qquad (3-13)$$

v_{ji} 的调整幅度为

$$\Delta v_{ji} = \eta\sum_{p=1}^{P}\left(\sigma_{pj}\frac{\partial \mathrm{net}_{pl}}{\partial v_{ji}}\right) = \eta\sum_{p=1}^{P}\left\{\sum_{l=1}^{k}[\sigma_{pl}w_{lj}y_{pj}(1-y_{pj})]x_{pi}\right\} \qquad (3-14)$$

从式(3-14)中可以看出,求 k 层的误差信号需要上一层的误差。因此,误差函数的求取是一个始于输出层的反向传播递归过程,所以称为反向传播学习算法。

BP 神经网络算法程序框图如图 3-2 所示。

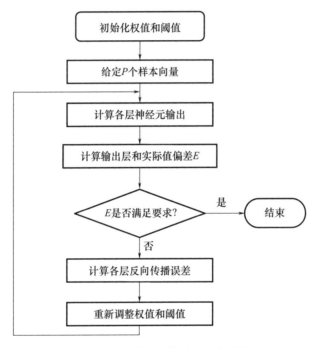

图 3-2 BP 神经网络算法程序框图

3. RBF 神经网络

1985 年,Powell 提出了多变量插值的径向基函数(radical basis function,RBF)方法。1988 年,Moody 和 Darken 提出了一种神经网络结构,即 RBF 神经网络。RBF 神经网络是一种三层前向网络。RBF 神经网络的基本思想是用 RBF 作为隐单元的"基"(一般使用高斯函数)构成隐含层空间,将输入向量直接(不需要通过权连接)映射到隐含层空间。当 RBF 的中心点确定时,映射关系就能确定隐含层空间到输出空间的映射是线性的。

RBF 神经网络的优点如下:

(1)它具有唯一最佳逼近的特性,且存在无局部极小问题;

(2)RBF 神经网络具有较强的输入和输出映射功能,并且理论证明在前向网络中 RBF 神经网络是完成映射功能的最优网络;

(3)网络连接权值与输出呈线性关系;

(4)分类能力好;

(5)学习过程收敛速度快。

RBF 神经网络与 BP 神经网络比较如下:

(1)RBF 神经网络的输出是隐单元输出的线性加权和,学习速度加快;

(2)BP 神经网络一般使用 sigmoid( )函数作为激活函数,这样使神经元有很大的输入可见区域;

(3)径向基神经网络使用径向基函数(高斯函数)作为激活函数,神经元输入空间区域很小,因此需要更多的径向基神经元。

RBF 学习算法需要求解的参数包括径向基函数的中心、方差以及隐含层到输出层的权值。RBF 学习方法按 RBF 中心选取方法的不同分为随机选取中心法、自组织选取中心法、有监督选取中心法和正交最小二乘法等。本书中采用自组织选取中心法,其步骤如下。

(1)基于 K - means 聚类的中心选取。

① 网络初始化。随机选取 h 个训练样本作为聚类中心 $c_i(i=1,2,\cdots,h)$。

② 将输入的训练样本集合按最近邻规则分组。按照隐含层单元输入值 x_P 与中心 c_i 之间的欧几里得距离将 x_P 分配到输入样本的各个聚类集合 $\vartheta_p(p=1,2,\cdots,P)$ 中。

③ 计算各个聚类集合 ϑ_p 中训练样本的平均值,即新的聚类中心 c_i,如果新的聚类中心不再发生变化,则所得到的 c_i 为 RBF 神经网络最终的基函数中心;否则,返回②),进入下一轮的中心求解。

(2)计算径向基函数方差。当 RBF 神经网络的基函数为高斯函数时,方差可由下式求解:

$$\sigma_i = \frac{c_{\max}}{\sqrt{2h}} \tag{3-15}$$

式中:$c_{\max}$ 为所选取中心之间的最大距离。

(3)计算隐含层和输出层之间的权值。

隐含层至输出层之间神经元的连接权值可以用最小二乘法直接计算得到,计算公式如下:

$$w = \exp\left(\frac{h}{c_{\max}^2 \|x_p - c_i\|^2}\right) \quad (p=1,2,\cdots,P;i=1,2,\cdots,h) \tag{3-16}$$

3.2.2 支持向量机模型

支持向量机(support vector machine,SVM)是一种对线性数据和非线性数据进行分类的方法[5]。简单来讲,它使用一种非线性映射,将原训练数据映射到较高维度,在新的维度上搜索最佳分割超平面。使用高维上合适的非线性映射,两个类的数据可以被超平面分开,并使用支持向量和边缘发现超平面。支持向量机的学习策略是间隔最大化,形成一个求解凸二次规划(convex quadratic programming)问题。

1. 线性可分支持向量机

为便于了解 SVM,先考虑最简单的情况——二元分类问题,其中两个类是线性可分的。假设输入空间与特征空间为两个不同的空间,其中,输入空间为欧几里得空间或者离散集合,特征空间为欧几里得空间或希尔伯特空间。线性可分支持向量机假设这两个空间元素一一对应,并将输入空间的输入向量映射为特征空间中的特征向量。

假设给定特征空间的数据集 **D** 为 $(x_1,y_1,),(x_2,y_2),\cdots,(x_n,y_n)$,其中 $x_i \in \chi = \mathbf{R}^n, y_i \in \gamma -\{+1,-1\}, i=1,2,\cdots,n, \boldsymbol{x}_i$ 为第 i 个特征向量,具有类标号 y_i,y_i 可以取 1 和 -1,分别对应类的正例或负例,(x_i, y_i) 为样本点。

学习的目标是在特征空间中寻找一个分割超平面,能将实例划分为不同的类。分割超平面对应方程 $\boldsymbol{w} \cdot x + b = 0$,由法向量 $\boldsymbol{w}$ 和截距 b 决定。考虑如图 3-3 所示的二元分类问题,图中圆圈代表正例,方框代表负例,很容易发现,此数据是线性可分的。

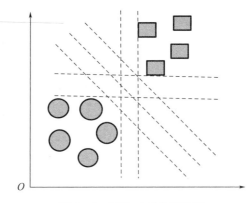

图 3-3 SVM 二元分类问题

给定线性可分训练数据集,通过间隔最大化或等价求解响应的二次凸规划问题学习得到的分割超平面为

$$w^* x + b = 0 \tag{3-17}$$

决策函数为

$$f(x) = \text{sign}(w^* x + b^*) \tag{3-18}$$

这种对线性数据进行分类的方法称为线性可支持向量机。因为可以画一条直线,将二者且分开。把分割直线扩展到三维,希望找出最佳分割平面;将分割直线推广至 n 维,期望找到最佳分割超平面。

2. 函数间隔和几何间隔

特征空间中离超平面近的实例具有较低的确信度。确信度通常以实例到超平面的距离来衡量。在超平面 $wx+b=0$ 确定的情况下,$|wx+b|$ 可以表示为样本 x 到距离超平面的距离。同时,$wx+b$ 的符号与类标记 y 是否相同可以判断分类效果。所以,以 $y(wx+b)$ 度量分类确信度和正确性称为函数间隔(functional margin)。

对于给定的训练数据集 T 和超平面 (w,b),定义超平面 (w,b) 关于样本点 (x_i,y_i) 的函数间隔为

$$\hat{\gamma}=y_i(wx+b) \tag{3-19}$$

定义超平面 (w,b) 关于训练数据集 T 的函数间隔为超平面 (w,b) 关于 T 中所有样本点 (x_i,y_i) 的函数间隔的最小值,即

$$\hat{\gamma}=\min_{i=1,2,\cdots,n}\gamma_i \tag{3-20}$$

判断分类预测的正确性和确信度可以使用函数间隔。在选择分割超平面时存在弊端,成比例改变 w,b,函数间隔变为原来的 2 倍,但是超平面并没有改变。因此,需要修改函数间隔,以满足需求。可以将分割超平面的法向量 w 规范化,保证间隔是确定的。在这种情况下函数间隔变成几何间隔(geometric margin)。

对于给定的训练数据集 T 和超平面 (w,b),定义超平面 (w,b) 关于样本点 (x_i,y_i) 的几何间隔为

$$\gamma_i=y_i\left(\frac{w}{\|w\|}x_i+\frac{b}{\|w\|}\right) \tag{3-21}$$

定义超平面 (w,b) 关于训练数据集 T 的函数间隔为超平面 (w,b) 关于 T 中所有样本点 (x_i,y_i) 的几何间隔的最小值,即

$$\hat{\gamma}=\min_{i=1,2,\cdots,n}\gamma_i \tag{3-22}$$

式中:$\|w\|$ 为 w 的 L_2 范数。

超平面 (w,b) 关于样本点 (x_i,y_i) 的几何间隔是实例点到超平面的带符号距离。正确分类时就是实例点到超平面的距离:

$$\hat{\gamma}=\min_{i=1,2,\cdots,n}\gamma_i \tag{3-23}$$

$$\gamma_i=\frac{\hat{\gamma}_i}{\|w\|} \tag{3-24}$$

$$\gamma=\frac{\hat{\gamma}}{\|w\|} \tag{3-25}$$

如果 $\|w\|=1$,则函数间隔与几何间隔相等。如果超平面参数 k 和 b 呈比例改变(超平面固定),则函数间隔也呈比例改变,而几何间隔不变。

3. 最大间隔

我们希望得到具有最小分类误差的分割超平面,但有可能存在无数个分割超平面。SVM 通过搜索最大间隔超平面(maximum marginal hyperplane,MMH)获取

最优分割超平面[6]。

几何间隔最大的分割超平面是唯一的,意味着可以充分大的确定度对训练数据分类,同时保证有足够大的确信度划分离分割超平面最近的点。

间隔是从超平面到其边缘的一个侧面的最短距离等于从该超平面到其边缘的另一个侧面的最短距离,其中边缘的侧面平行于超平面。在实际应用中,这个距离是从 MMH 到两个类最近的实例的最短距离。

将搜索几何间隔最大的超平面问题转换为带约束的最优化问题:

$$\max_{w,b} \gamma \qquad (3-26)$$

$$y_i\left(\frac{w}{\|w\|}x_i + \frac{b}{\|w\|}\right) \geqslant \gamma \quad (i=1,2,\cdots,n) \qquad (3-27)$$

根据式(3-25),式(3-27)可以改写为

$$\max_{w,b} \frac{\hat{\gamma}}{\|w\|} \qquad (3-28)$$

$$y_i(wx+b) \geqslant \hat{\gamma} \quad (i=1,2,\cdots,n) \qquad (3-29)$$

函数间隔 $\hat{\gamma}$ 的取值并不影响最优化问题的求解。将 k 和 b 按比例改变为 kw 和 kb,函数间隔变为 $\lambda\hat{\gamma}$,并不影响上述最优化问题。最大边缘解可以根据下式求出:

$$\arg\max_{w,b}\left\{\frac{1}{\|w\|}\min_i[y_i(w_ix_i+b)]\right\} \qquad (3-30)$$

直接求解这个问题非常复杂,需要转化成一个等价的更容易求解的最优化问题。根据函数间隔的性质,可将 $\hat{\gamma}=1$ 代入式(3-30),因为最大化 $\frac{1}{\|w\|}$ 和最小化 $\frac{\|w\|^2}{2}$ 等价,于是得到线性可分支持向量机学习的最优化问题:

$$\min_{w,b} \frac{\|w\|^2}{2} \qquad (3-31)$$

$$y_i(wx_i+b)-1 \geqslant 0 \quad (i=1,2,\cdots,n) \qquad (3-32)$$

这是一个凸二次优化的问题,引入 1/2 是为了后续计算方便。

凸优化问题:

$$\min_w f(w) \qquad (3-33)$$

$$g(x) \leqslant 0 \quad (i=1,2,\cdots,k) \qquad (3-34)$$

$$h_i(x) = 0 \quad (i=1,2,\cdots,l) \qquad (3-35)$$

式中:目标函数 $f(w)$ 和约束函数 $g(w)$ 都是 $\mathbf{R}^n$ 上的连续可微的凸函数;约束函数 $h_i(w)$ 是 $\mathbf{R}^n$ 上的仿射函数。

当目标函数 $f(w)$ 是二次函数并且约束函数 $g_i(w)$ 是仿射函数时,上述凸优化问题为凸二次规划问题。

如果得到了约束问题式(3-31)和式(3-32)的解w^*、b^*,就可以得到最大间隔超平面和分类函数。在线性可分的情况下,训练数据集的样本点中分割超平面距离最近的样本点的实例成为支持向量。也就是说,支持向量是约束条件式(3-32)等号成立的点,即

$$y_i(wx_i+b)-1=0$$

对于$y_i=1$的点,支持向量在超平面H_1上:

$$H_1: wx_i+b=1$$

对于$y_i=-1$的点,支持向量在超平面H_2上:

$$H_2: -wx_i-b=1$$

如图3-4所示,在H_1、H_2上的点就是支持向量。H_1、H_2为间隔边界,并且是平行的,其间没有样本点,最大间隔超平面在间隔边界中间且与之平行,它们之间的宽度称为间隔。间隔依赖分割超平面的法向量w,其值为$\dfrac{2}{\|w\|}$。

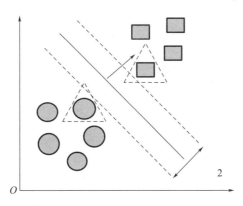

图3-4 支持向量示意

支持向量决定间隔超平面,样本点中的其他实例没有此作用。移动支持向量,上述最优化问题的解将会改变;移动间隔边界的其他实例,不影响最终结果。因为支持向量在确定分割超平面中起着决定性的作用,所以这种分类模型称为支持向量机。

4. 对偶算法

为了求解线性可分支持向量机的最优化问题,根据拉格朗日函数性质,通过求解其对偶问题得到原始问题的最优解,这就是线性可分支持向量机的对偶算法。这样做的原因:首先是对偶问题更易于求解;其次是自然引入核函数,进而推广到非线性分类。

首先应用拉格朗日函数。对每个约束不等式(3-29)引入拉格朗日乘子$\alpha_i \geq 0$($i=1,2,\cdots,n$),从而得到下面的拉格朗日函数:

$$L(w,b,\boldsymbol{\alpha}) = \frac{1}{2}\|w\|^2 - \sum_{i=1}^{n}\alpha_i y_i(wx_i+b) + \sum_{i=1}^{n}\alpha_i \qquad (3-36)$$

式中：$\boldsymbol{\alpha} = (\alpha_1, \alpha_2, \cdots, \alpha_n)^T$。

根据拉格朗日的对偶性，原始问题的对偶问题是极大极小问题：

$$\max_{\alpha} \min_{w,b} L(\boldsymbol{w}, b, \boldsymbol{\alpha})$$

先求 $L(\boldsymbol{w}, b, \boldsymbol{\alpha})$ 对 $\boldsymbol{w}$、b 极小，再求对 α 极大。令 $L(\boldsymbol{w}, b, \boldsymbol{\alpha})$ 关于 $\boldsymbol{w}$ 和 b 的导数为 0，有

$$\nabla_w L(\boldsymbol{w}, b, \boldsymbol{\alpha}) = w - \sum_{i=1}^{n} \alpha_i y_i x_i = 0$$

$$\nabla_b L(\boldsymbol{w}, b, \boldsymbol{\alpha}) = \sum_{i=1}^{n} \alpha_i y_i = 0$$

则

$$w = \sum_{i=1}^{n} \alpha_i y_i x_i = 0 \qquad (3-37)$$

$$\sum_{i=1}^{n} \alpha_i y_i = 0 \qquad (3-38)$$

使用这两个条件从 $L(\boldsymbol{w}, b, \boldsymbol{\alpha})$ 中消除 $\boldsymbol{w}$ 和 b，得到最大间隔问题的对偶表示：

$$\begin{aligned} L(\boldsymbol{w}, b, \boldsymbol{\alpha}) &= \frac{1}{2} \sum_{i=1}^{n} \sum_{i=1}^{n} \alpha_i \alpha_j y_i y_j (x_i x_j) - \sum_{i=1}^{n} \left(\left(\sum_{i=1}^{n} \alpha_j y_j x_j \right) x_i + b \right) + \sum_{i=1}^{n} \alpha_i \\ &= -\frac{1}{2} \sum_{i=1}^{n} \sum_{i=1}^{n} \alpha_i \alpha_j y_i y_j (x_i \cdot x_j) + \sum_{i=1}^{n} \alpha_i \end{aligned}$$

$$(3-39)$$

即

$$\min_{w,b} L(\boldsymbol{w}, b, \alpha) = -\frac{1}{2} \sum_{i=1}^{n} \sum_{i=1}^{n} \alpha_i \alpha_j y_i y_j (x_i \cdot x_j) + \sum_{i=1}^{n} \alpha_i \qquad (3-40)$$

求 $\min_{w,b} L(\boldsymbol{w}, b, \alpha)$ 关于 α 的极大，就是对偶问题：

$$\max_{\alpha} \left(-\frac{1}{2} \sum_{i=1}^{n} \sum_{i=1}^{n} \alpha_i \alpha_j y_i y_j (x_i \cdot x_j) + \sum_{i=1}^{n} \alpha_i \right)$$

$$-\frac{1}{2} \sum_{i=1}^{n} \sum_{j=1}^{n} \alpha_i y_j = 0 \ (\alpha_i \geq 0, i = 1, 2, \cdots, n) \qquad (3-41)$$

这里定义核函数为 $k(x, x') = (x_i \cdot x_j)$。

对偶模型可以使用核函数重新表示，因此最大间隔分类器可以高效地用于维数超过数据点数的特征空间。很明显核函数 $k(x, x') = (x_i \cdot x_j)$ 正定，确保了拉格朗日函数有上界。

为了使用训练过的模型，在式(3-18)中定义 $f(x)$ 符号，利用式(3-37)消去 w，$f(x)$ 可以由拉格朗日乘子 α_i 和核函数表示，即

$$f(x) = \sum_{i=1}^{n} \alpha_i y_i (x_i \cdot x_i) + b \qquad (3-42)$$

满足 KKT 条件：

$$\alpha_i \geq 0 \quad (i=1,2,\cdots,n) \qquad (3-43)$$

$$y_i(w^*x_i+b)-1 \geq 0 \quad (i=1,2,\cdots,n) \qquad (3-44)$$

$$\alpha_i^*(y_i(w^*x_i+b)-1) \geq 0 \quad (i=1,2,\cdots,n) \qquad (3-45)$$

因此，对于每个样本点，要么 $\alpha_i = 0$，要么 $y_i(w^*x_i+b) = 1$。任何使 $\alpha_i = 0$ 的样本点都不会出现在式(3-43)中，满足 $\alpha_i > 0$ 的点成为支持向量，因此对新数据点的预测没有作用。由于支持向量满足 $y_i(w^*x_i+b) = 1$，因此它们对应于特征空间中位于最大间隔超平面类的点。一旦模型训练完毕，相当多的数据点可以丢弃，只保留支持向量。

解决凸优化问题找到 α 值之后，根据 $\alpha_i = 0$，要么 $y_i(w^*x_i+b) = 1$，可以确定参数阈值 b 的值：

$$b^* = y_i - \sum_{i=1}^{n} \alpha_i^* y_i(x_i \cdot x_i) \qquad (3-46)$$

对于线性可分的问题，上述线性可分支持向量机的学习算法是完美的。但实际中往往不是线性可分的，即在样本中出现噪声。另外，学习后的 SVM 的复杂度是由支持向量机向量数决定的，而不是由数据维度决定的，因此 SVM 与其他模型相比不容易过拟合。具有少量支持向量的 SVM 可以具有很好的泛化性能，即便数据维度很高。

3.2.3 随机森林模型

随机森林回归(random forest regression, RFR)算法是随机森林(RF)理论的重要应用之一，是 Breiman 于 2001 年提出的一种统计学习方法。RFR 算法是利用 Bootstrap 重抽样方法从原始样本中抽取多个样本，对每个 Bootstrap 样本集进行决策树建模，然后组合多棵决策树进行预测，并通过取平均值得出最终预测结果。其本质是利用组合多棵决策树做出预测的多决策树模型。该算法具有预测精度高、泛化误差可控、收敛速度快以及调节参数少等优点，可有效避免"过拟合"现象发生，适用于各种数据集的运算，尤其适用于超高维特征向量空间。

随机森林是一种有监督的集成学习算法，其核心思想是将性能较弱的多个分类回归树(classification and regression tree, CART)经过一定规则组合成一片森林，结果由森林中所有的决策树投票得出[7]。

1. CART 决策树

CART 决策树是 Breiman 等于 1984 年提出的一种二分递归分割技术，在每个节点(除叶子节点外)将当前样本集分割为两个子集。CART 算法所采用的属性选择量度是基尼指数(Gini index)。假设数据集 D 包含 m 个类别，那么其基尼指数为

$$G_D = 1 - \sum_{j=1}^{m} p_j^2 \qquad (3-47)$$

式中：P_j 为 j 类元素出现的频率。

基尼指数需要考虑每个属性的二元划分，假定属性 A 的二元划分将数据集 **D** 划分成 D_1 和 D_2，则此次在子节点以某属性 A 划分样本集 **D** 的基尼指数为

$$G_{D,A} = \frac{|D_1|}{D} G_{D_1}(D_1) + \frac{|D_2|}{D} G_{D_2}(D_2) \qquad (3-48)$$

对于每个属性，考虑每种可能的二元划分，最终选择该属性产生的最小基尼指数的子集作为其分裂子集。因此，在属性 A 上的基尼指数 G 越小，在属性 A 上的划分效果越好。在此规则下，由上至下不断分裂，直到整棵决策树生长完成。

2. Bagging 算法和随机属性子空间抽样法

为改善 CART 决策树预测精度不高的劣势，Breiman 于 1994 年引入了 Bagging (bootstrap aggregating) 方法。该算法利用 Bootstrap 可重复抽样从原始训练集中为每棵 CART 抽取等规模的子训练集，研究表明该算法能够有效提高不稳定基分类器的泛化能力。同时，Breiman 还在随机森林理论中提出：CART 在每个节点分裂时，采用随机抽取若干属性组成属性子空间进行选择分裂。Bagging 算法增强了森林中单棵决策树的性能，而属性子空间抽样法降低了每棵树间的相关性，这正是降低随机森林泛化误差的关键。

3. RFR 算法

随机森林 f 是决策树 $\{h(\boldsymbol{X}, \boldsymbol{\theta}_k), k = 1, 2, \cdots, N_{\text{tree}}\}$ 的集合，元分类器 $h(\boldsymbol{X}, \boldsymbol{\theta}_k)$ 是用 CART 算法构建的未剪枝的 CART（$\boldsymbol{\theta}_k$ 是与第 k 棵决策树独立同分布的随机向量，表示该棵树的生长过程）采用多数投票法（针对分类）或求算术平均值（针对回归）得到随机森林的最终预测值。

对输入向量 $\boldsymbol{X}$，最大包含 J 种不同类别，设 Y 为正确的分类类别，对于输入向量 $\boldsymbol{X}$ 和输出 Y，定义边缘函数为

$$K(\boldsymbol{X}, Y) = a_k I(h(\boldsymbol{X}, \boldsymbol{\theta}_k) = Y) - \max_{j \neq Y} a_k I(h(\boldsymbol{X}, \boldsymbol{\theta}_k) = i) \qquad (3-49)$$

式中：j 为 J 种类别中的某一类；$I(\cdot)$ 为指示函数；a_k 为取平均函数（$k = 1, 2, \cdots, n$）。

从式（3-49）可以看出，函数 K 描述了对向量 $\boldsymbol{X}$ 正确分类 Y 的平均得票数超过其他任何分类的平均得票数的最大值。因此，边缘函数越大，正确分类的置信度就越高。由此定义随机森林的泛化误差为

$$E^* = P_{X,Y}(K(\boldsymbol{X}, Y) < 0) \qquad (3-50)$$

式中：$P_{X,Y}$ 为对给定输入向量 $\boldsymbol{X}$ 的分类错误率函数。

当森林中决策树数目较大时，利用大数定律得到以下结论。

（1）当树的数目增加时，对于所有序列 0，E^* 几乎收敛于 $P_{X,Y}(P_\theta(h(\boldsymbol{X}, \theta) = Y) - \max_{j \neq Y} P_\theta(h(\boldsymbol{X}, \theta) = j) < 0)$，$P_\theta$ 为对于给定序列 $\boldsymbol{\theta}$ 的分类错误率。这表明，随机

森林的泛化误差随着树的数目增加不会造成过拟合,而会趋于某一上界。

(2)随机森林泛化误差的上界 $E^* \leq \frac{\bar{\rho}(1-s^2)}{s^2}$,式中 $\bar{\rho}$ 和 s 分别为树的平均相关系数和平均强度。

由结论(2)可知,随着树的相关性的降低和单棵树强度的提高,随机森林的泛化误差上界将减小,其泛化误差将会得到有效的控制。因此,提高随机森林预测精度主要有降低树相关性以及提高单分类器(单棵决策树)性能。

4. 随机森林的统计学优点

(1)随机森林仅需调整森林中树的数量 N_{tree} 和每棵树选取的分裂特征数 M_{try}。

(2)在大数定律的保证下,随机森林具有很高的分类准确率,且不会出现过拟合。

(3)当通过 Bagging 生成训练子集时,对于每棵 CART,原始样本集 S 中接近 37% 的样本不会出现在该树的训练子集中,这些样本称为袋外(out-of-bag,OOB)样本。OOB 样本可以用来估计随机森林的泛化误差,也可以计算每个特征的重要性。

5. 算法流程

随机森林算法流程(图 3-5)如下。

(1)根据 RFR 算法生成对应的 k 棵 CART,在此过程中,随机选取的特征数目取 $M_{try} = \log_2(M+1)$(M 为样本输入特征的维数),而随机森林的规模需根据预测结果调整 N_{tree} 的大小。

(2)将待预测特征向量 $Y_0 = [y_{01}, y_{02}, \cdots, y_{0m}]$ 输入上述随机森林模型,求取各棵树输出的投票结果,得到预测结果。

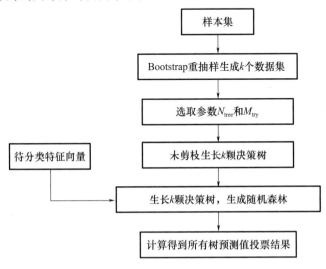

图 3-5 随机森林算法流程

3.2.4 朴素贝叶斯模型

贝叶斯分类基于贝叶斯定理和特征条件独立假设。通过对分类算法比较研究发现,朴素贝叶斯分类可以与决策树和经过挑选的神经网络分类器相媲美,而且对于大型数据,贝叶斯分类算法也表现出准确率高和速度快。

假设数据集 X 属于某个特定类 C,那么在给定数据集的条件下,假设 H 的概率为

$$P(H|X) = \frac{P(HX)}{P(X)} \tag{3-51}$$

式中:$P(H)$ 为先验概率;$P(H|X)$ 为后验概率。下面不加证明,直接给出贝叶斯定理:

$$P(H|X) = \frac{P(X|H)P(H)}{P(X)} \tag{3-52}$$

接下来探讨朴素贝叶斯分类法。设 X 是输入空间 $\chi \subseteq \mathbf{R}^n$ 的 n 维特征向量,Y 是输出空间 $Y = \{c_1, c_2, \cdots, c_k\}$ 的随机变量,$P(X,Y)$ 是 X 和 Y 的联合概率分布。训练样本 $T = \{(x_1, y_1), (x_2, y_2), \cdots, (x_n, y_n)\}$ 关于 $P(X,Y)$ 是独立同分布的。

朴素贝叶斯是通过训练样本学习联合概率分布 $P(X,Y)$,主要是通过学习先验概率 $P(Y = c_k)$ $(k = 1, 2, \cdots, K)$ 学习联合概率分布。

根据条件独立的假设与贝叶斯定理计算后验概率。其中,条件独立假设为

$$P(X = x | Y = c_k) = \prod_{i=1}^{n} P(X^{(i)} = x^{(i)} | Y = c_k) \tag{3-53}$$

后验概率为

$$P(Y = c_k | X = x) = \frac{P(X = x | Y = c_k) P(Y = c_k)}{\sum_k P(X = x | Y = c_k) P(Y = c_k)} \tag{3-54}$$

将式(3-49)代入式(3-54)得到

$$P(Y = c_k | X = x) = \frac{P(Y = c_k) \prod_{i=1}^{n} P(X^{(i)} = x^{(i)} | Y = c_k)}{\sum_k P(Y = c_k) \prod_{i=1}^{n} P(X^{(i)} = x^{(i)} | Y = c_k)} \tag{3-55}$$

由于所有 c_k 都是相同的,因此贝叶斯分类器可以表示为

$$y = \arg\min_{c_k} P(Y = c_k) = P(Y = c_k) \prod_j P(X^{(i)} = x^{(i)} | Y = c_k) \tag{3-56}$$

在朴素贝叶斯方法中,将特征分配予后验概率最大的类,等价于期望风险最小化。

下面给出朴素贝叶斯分类算法。

对于训练样本 $T = \{(x_1, y_1), (x_2, y_2), \cdots, (x_n, y_n)\}$，其中，$\boldsymbol{x}_i = (x_i^{(1)}, x_i^{(2)}, \cdots, x_i^{(n)})^T$，$x_i^{(j)}$ 是第 i 个样本的第 j 个特征，$x_i^{(j)} \in \{a_{j_1}, a_{j_2}, \cdots, a_{j S_j}\}$，$a_{jl}$ 是第 j 个特征第 l 个可能取值 $(j = 1, 2, \cdots, n, l = 1, 2, \cdots, S_j)$；$y \in \{c_1, c_2, \cdots, c_k\}$。

先计算先验概率和条件概率：

$$\begin{cases} P(Y = c_k) = \dfrac{\sum_{i=1}^{N} I(y_i = c_k)}{N} (k = 1, 2, \cdots, K) \\ P(\boldsymbol{X}^{(i)} = a_{jl} | Y = c_k) = \dfrac{\sum_{i=1}^{N} I(X^{(i)} = a_{jl}, Y = c_k)}{\sum_{i=1}^{N} I(Y = c_k)} \\ (j = 1, 2, \cdots, n; l = 1, 2, \cdots, S_j; k = 1, 2, \cdots, K) \end{cases} \quad (3-57)$$

然后对于给定的特征向量 $\boldsymbol{x} = [x^{(1)}, x^{(2)}, \cdots, x^{(n)}]^T$ 计算：

$$P(X = x | Y = c_k) = \prod_{i=1}^{n} P(X^{(i)} = x^{(i)} | Y = c_k) \quad (3-58)$$

最后确定特征向量 $\boldsymbol{x}$ 的类：

$$y = \underset{c_k}{\mathrm{argmax}} P(Y = c_k) \prod_{j} P(X^{(i)} = x(i) | Y = c_k) \quad (3-59)$$

3.3 无监督学习

无监督算法只处理"特征"，不操作监督信号。有监督算法和无监督算法之间的区别没有规范严格的定义，因为没有客观的判断来区分监督者提供的值是特征还是目标。通俗地说，无监督式学习的大多数尝试是指从不需要人为注释的样本的分布中抽取信息。它通常与密度估计相关，学习从分布中采样、学习从分布中去噪、寻找数据分布的规律或是将数据中相关的样本聚类。

一个经典的无监督学习任务是找到数据的"最佳"表示。"最佳"可以是不同的表示，一般是指该表示在比本身表示的信息更简单或更易访问而受到一些惩罚或限制的情况下，尽可能地保存关于样本的更多信息。

有很多方式定义较简单的表示，常见的有低维表示、稀疏表示和独立表示。低维表示尝试将样本的信息尽可能压缩在一个较小的表示中。稀疏表示将数据集嵌入输入项大多数为 0 的表示中[8]。稀疏表示通常用于需要增加表示维数的情况，使大部分为零的表示不会丢失很多信息，这会使表示的整体结构倾向于将数据分布在表示空间的坐标轴上。独立表示试图分开数据分布中变化的来源，使得表示的维度是统计独立的。

3.3.1 主成分分析

主成分分析(principal components analysis, PCA)是一种简单的机器学习算法,可以通过基础的线性代数知识推导。

假设在 $\mathbf{R}^n$ 空间中有 m 个点 $\{x^{(1)}, \cdots, x^{(m)}\}$,希望对这些点进行有损压缩。有损压缩表示使用更少的内存,但损失一些精度来存储这些点。希望损失的精度尽可能少。编码这些点的一种方式是用低维表示。对于每个点 $x(i) \in \mathbf{R}^n$,会有一个对应的编码向量 $c^{(i)} \in \mathbf{R}^l$。如果 $l < n$,那么可使用更少的内存来存储原来的数据。希望找到一个编码函数,根据输入返回编码, $f(\boldsymbol{x}) = \boldsymbol{c}$;也希望找到一个解码函数,给定编码重构输入, $\boldsymbol{x} \approx g(f(\boldsymbol{x}))$。

PCA 由选择的解码函数而定。为了简化解码器,使用矩阵乘法将编码映射回 $\mathbf{R}^n$,即 $g(\boldsymbol{c}) = \boldsymbol{D}\boldsymbol{c}$,其中 $\boldsymbol{D} \in \mathbf{R}^{n \times l}$,为定义解码的矩阵。目前所描述的问题可能会有多个解。如果按比例地缩小所有点对应的编码向量 c_i,那么只需按比例放大 $\boldsymbol{D}_i$,即可保持结果不变。为了使问题有唯一解,需要限制 $\boldsymbol{D}$ 中所有列向量都有单位范数。

计算这个解码器的最优编码比较困难。为了使编码问题简单一些,PCA 限制 $\boldsymbol{D}$ 的列向量彼此正交(注意,除非 $l = n$,否则严格意义上 $\boldsymbol{D}$ 不是正交矩阵)。

为了将这个基本想法变为能够实现的算法,首先需要明确如何根据每个输入 $\boldsymbol{x}$ 得到一个最优编码 $\boldsymbol{c}^*$。一种方法是最小化原始输入向量 $\boldsymbol{x}$ 和重构向量 $g(\boldsymbol{c}^*)$ 之间的距离,使用范数来衡量它们之间的距离。在 PCA 算法中,使用 L^2 范数:

$$\boldsymbol{c}^* = \arg\min_{\boldsymbol{c}} \|\boldsymbol{x} - g(\boldsymbol{c})\|_2 \tag{3-60}$$

该最小化函数可以简化成

$$(\boldsymbol{x} - g(\boldsymbol{c}))^{\mathrm{T}}(\boldsymbol{x} - g(\boldsymbol{c})) \tag{3-61}$$

可以得到以下优化目标:

$$\boldsymbol{c}^* = \arg\min_{\boldsymbol{c}} -2\boldsymbol{x}^{\mathrm{T}} g(\boldsymbol{c}) + g(\boldsymbol{c})^{\mathrm{T}} g(\boldsymbol{c}) \tag{3-62}$$

将 $g(\boldsymbol{c})$ 的定义代入式(3-62),可得

$$\boldsymbol{c}^* = \arg\min_{\boldsymbol{c}} -2\boldsymbol{x}^{\mathrm{T}} \boldsymbol{D}\boldsymbol{c} + \boldsymbol{c}^{\mathrm{T}} \boldsymbol{I}_l \boldsymbol{c} \tag{3-63}$$

可以通过向量微积分来求解这个最优化问题,即

$$\nabla_{\boldsymbol{c}}(-2\boldsymbol{x}^{\mathrm{T}} \boldsymbol{D}\boldsymbol{c} + \boldsymbol{c}^{\mathrm{T}} \boldsymbol{c}) = 0 \tag{3-64}$$

$$\boldsymbol{c} = \boldsymbol{D}^{\mathrm{T}} \boldsymbol{x} \tag{3-65}$$

这使得算法很高效,即最优编码 $\boldsymbol{x}$ 只需一个矩阵-向量乘法操作。为了编码向量,使用编码函数:

$$f(\boldsymbol{x}) = \boldsymbol{D}^{\mathrm{T}} \boldsymbol{x} \tag{3-66}$$

使用矩阵乘法,也可以定义 PCA 重构操作:

$$r(\boldsymbol{x}) = g(f(\boldsymbol{x})) = \boldsymbol{D}\boldsymbol{D}^{\mathrm{T}}\boldsymbol{x} \qquad (3-67)$$

PCA 算法提供了一种压缩数据的方式。也可以将 PCA 视为学习数据表示的无监督学习算法。PCA 不仅学习一种比原始输入维数更低的表示，也学习一种元素之间没有线性相关的表示。这是学习表示中元素统计独立标准的第一步。要实现完全独立性，表示学习算法必须去掉变量间的非线性关系。下面将探讨 PCA 表示如何使原始数据表示 $\boldsymbol{X}$ 去相关的。

假设有一个 $m \times n$ 的设计矩阵 $\boldsymbol{X}$，数据的均值为零，$\boldsymbol{E}[\boldsymbol{x}] = 0$。若非如此，通过预处理步骤使所有样本减去均值，数据可以很容易地中心化。$\boldsymbol{X}$ 对应的无偏样本协方差矩阵如下：

$$\mathrm{var}[\boldsymbol{x}] = \frac{1}{m-1}\boldsymbol{X}^{\mathrm{T}}\boldsymbol{X} \qquad (3-68)$$

PCA 通过线性变换找到一个 $\mathrm{var}[\boldsymbol{z}]$ 是对角矩阵的表示 $\boldsymbol{z} = \boldsymbol{W}^{\mathrm{T}}\boldsymbol{x}$。已知设计矩阵 $\boldsymbol{X}$ 的主成分由 $\boldsymbol{X}^{\mathrm{T}}\boldsymbol{X}$ 的特征向量给定。从这个角度，则可得

$$\boldsymbol{X}^{\mathrm{T}}\boldsymbol{X} = \boldsymbol{W}\boldsymbol{\Lambda}\boldsymbol{W}^{\mathrm{T}} \qquad (3-69)$$

本节将会探索主成分的另一种推导。主成分也可以通过奇异值分解（SVD）得到。具体来说，它们是 $\boldsymbol{X}$ 的右奇异向量。为了说明这点，假设 $\boldsymbol{W}$ 是奇异值分解 $\boldsymbol{X} = \boldsymbol{U}\boldsymbol{\Sigma}\boldsymbol{W}^{\mathrm{T}}$ 的右奇异向量。以 $\boldsymbol{W}$ 作为特征向量基，可以得到原来的特征向量方程：

$$\boldsymbol{X}^{\mathrm{T}}\boldsymbol{X} = (\boldsymbol{U}\boldsymbol{\Sigma}\boldsymbol{W}^{\mathrm{T}})^{\mathrm{T}}\boldsymbol{U}\boldsymbol{\Sigma}\boldsymbol{W}^{\mathrm{T}} = \boldsymbol{W}\boldsymbol{\Sigma}^{2}\boldsymbol{W}^{\mathrm{T}} \qquad (3-70)$$

SVD 有助于说明 PCA 后的 $\mathrm{var}[\boldsymbol{z}]$ 是对角的。使用 $\boldsymbol{X}$ 的 SVD 分解，$\boldsymbol{X}$ 的方差可以表示为

$$\begin{aligned}\mathrm{var}[\boldsymbol{x}] &= \frac{1}{m-1}\boldsymbol{X}^{\mathrm{T}}\boldsymbol{X} \\ &= \frac{1}{m-1}(\boldsymbol{U}\boldsymbol{\Sigma}\boldsymbol{W}^{\mathrm{T}})^{\mathrm{T}}\boldsymbol{U}\boldsymbol{\Sigma}\boldsymbol{W}^{\mathrm{T}} \\ &= \frac{1}{m-1}\boldsymbol{W}\boldsymbol{\Sigma}^{2}\boldsymbol{W}^{\mathrm{T}}\end{aligned} \qquad (3-71)$$

因为根据奇异值的定义矩阵 $\boldsymbol{U}$ 是正交的，其中可以使用 $\boldsymbol{U}^{\mathrm{T}}\boldsymbol{U} = \boldsymbol{I}$。这表明，$\boldsymbol{z}$ 的协方差满足对角的要求：

$$\mathrm{var}[\boldsymbol{x}] = \frac{1}{m-1}\boldsymbol{Z}^{\mathrm{T}}\boldsymbol{Z} = \frac{1}{m-1}\boldsymbol{W}^{\mathrm{T}}\boldsymbol{X}^{\mathrm{T}}\boldsymbol{X}\boldsymbol{W} = \frac{1}{m-1}\boldsymbol{\Sigma}^{2} \qquad (3-72)$$

再次使用 SVD 的定义，有 $\boldsymbol{W}^{\mathrm{T}}\boldsymbol{W} = \boldsymbol{I}$。

以上分析表明，当通过线性变换 $\boldsymbol{W}$ 将数据 $\boldsymbol{x}$ 投影到 $\boldsymbol{z}$ 时，得到的数据表示的协方差矩阵是对角的（$\boldsymbol{\Sigma}^{2}$），可知 $\boldsymbol{z}$ 中的元素是彼此无关的。这种将数据变换为元素之间彼此不相关表示的能力是 PCA 的一个重要性质。它是消除数据中未知变化因素的简单示例。在 PCA 中这个操作是通过寻找输入空间的一个旋转（由 $\boldsymbol{W}$ 确定），使方差的主坐标和 $\boldsymbol{z}$ 相关的新表示空间的基对齐。虽然相关性是数据元素间依赖关系的一个重要范畴，但我们对能够消除更复杂形式的特征依赖的表示学

习也很感兴趣。对此,需要比简单线性变换更强的工具。

3.3.2 K-means 聚类

聚类算法将训练集分成 k 个彼此靠近的不同样本聚类。可以认为该算法提供了 k 维的 one-hot 编码向量 $\boldsymbol{h}$,以表示输入 $\boldsymbol{x}$。当 $\boldsymbol{x}$ 属于聚类 i 时,有 $h_i = 1$,$\boldsymbol{h}$ 的其他项为 0。

K-means 聚类提供的 one-hot 编码也是一种稀疏表示,因为每个输入的表示中大部分元素为 0。之后将会介绍能够学习更灵活的稀疏表示的一些其他算法(表示中每个输入 $\boldsymbol{x}$ 不止一个非零项)。one-hot 编码是稀疏表示的一个极端示例,丢失了很多分布式表示的优点。one-hot 编码仍然有一些统计优点(自然地传达了相同聚类中的样本彼此相似的观点),也具有计算上的优势,因为整个表示可以用一个单独的整数表示。

K-means 聚类初始化 k 个不同的中心点 $\{\boldsymbol{\mu}^{(1)}, \boldsymbol{\mu}^{(2)}, \cdots, \boldsymbol{\mu}^{(k)}\}$,然后迭代交换两个步骤直到收敛:①每个训练样本分配到最近的中心点 $\boldsymbol{\mu}^{(i)}$ 所代表的聚类 i;②每个中心点 $\boldsymbol{\mu}^{(i)}$ 更新为聚类 i 中所有训练样本 $\boldsymbol{x}^{(j)}$ 的均值。

考虑包含 100 个对象的数据集 $\{\boldsymbol{x}_1, \boldsymbol{x}_2, \cdots, \boldsymbol{x}_{100}\}$。每个对象由两个属性表示,$\boldsymbol{x} = [x_1, x_2]^T$。通过聚类分析数据,可以隐式地定义相似性的含义,即相似的对象是指相互之间距离平方近的对象(如果 $(\boldsymbol{x}_i - \boldsymbol{x}_j)^T(\boldsymbol{x}_i - \boldsymbol{x}_j) = (x_{i1} - x_{j1})^2 + (x_{i2} - x_{j2})^2$ 较小,则 i 和 j 相似)。在没有与数据或聚类分析目标相关的附加信息情况下,这是一个合理的相似性度量。还有一些可能更合适的其他相似性定义方法,如马哈拉诺比斯(Mahanalobis)距离(简称马氏距离)$(\boldsymbol{x}_i - \boldsymbol{x}_j)^T \boldsymbol{A} (\boldsymbol{x}_i - \boldsymbol{x}_j)$。这些距离都适合实数数据,而对于其他类型(如文本)的数据,则需要不同的距离度量。

为了设计能够自动实现这种分组的算法,需要更形式化地定义什么是聚类。K-means 将聚类定义为具有代表性的点,就像一个数据对象。该点为聚类中对象的均值(因而称为 K-means)。$\boldsymbol{\mu}^{(k)}$ 表示第 k 个聚类的平均点;z_{nk} 为一个二值标志变量,其中当 $z_{nk} = 1$ 时,表示对象 n 被分配到聚类 k 中,否则 $z_{nk} = 0$。每个对象只能分配到一个聚类中,即 $\sum_k z_{nk} = 1$。由此可得

$$\boldsymbol{\mu}^{(k)} = \frac{\sum_n z_{nk} \boldsymbol{x}_n}{\sum_n z_{nk}} \tag{3-73}$$

每个对象被分配到最近的聚类,即使 $(\boldsymbol{x}_n - \boldsymbol{\mu}^{(k)})^T \boldsymbol{A} (\boldsymbol{x}_n - \boldsymbol{\mu}^{(k)})$(或者其他合适的距离)的值为最小的聚类 k。

这是一个循环的推理:将分配到这些点上的中心定义聚类,同时点又被分配到它们最近的聚类。如果知道聚类 $\boldsymbol{\mu}^{(1)}, \boldsymbol{\mu}^{(2)}, \cdots, \boldsymbol{\mu}^{(k)}$,就可以计算这些点的分配。

如果没有这些分配,就无法计算聚类。K-means 聚类通过一种迭代方案解决了这个问题。从聚类均值 $\boldsymbol{\mu}^{(1)},\cdots,\boldsymbol{\mu}^{(k)}$ 的初始(随机)值开始,具体如下:

(1) 对每个数据对象 $\boldsymbol{x}_n$,找到使 $(\boldsymbol{x}_n - \boldsymbol{\mu}^{(k)})^\mathrm{T}(\boldsymbol{x}_n - \boldsymbol{\mu}^{(k)})$(找到距离最近的聚类均值)最小的 k,并设置 $z_{nk}=1$ 和 $z_{nj}=0$,满足所有的 $j \neq k$;

(2) 如果所有分配(z_{nk})较前一次迭代没有变化,则停止;

(3) 按照式(3-73)更新每个 $\boldsymbol{\mu}^{(k)}$;

(4) 返回到(1)。

这种迭代方案能够保证收敛到下面 D 的局部最小值:

$$D = \sum_{n=1}^{N}\sum_{k=1}^{K} z_{nk}(\boldsymbol{x}_n - \boldsymbol{\mu}^{(k)})^\mathrm{T}(\boldsymbol{x}_n - \boldsymbol{\mu}^{(k)}) \qquad (3-74)$$

式(3-74)可以理解为所有对象与它们对应聚类中心的距离之和。然而并不能保证得到可能的最小值(全局最小值),是否能够得到全局最小值取决于聚类均值的初始选择。对于 K-means 算法该问题是无法完全解决的,除非能够评价 N 个对象与 K 个聚类的所有分配方式,而这即使对于很小的 N 和 K 也是不可行的。一定程度克服这种不足的常用方法是从多个随机初始点运行算法并选择总距离最小的解。

1. 聚类数目的选择

使用 K-means 需要选择 k 值,即聚类数目。确定聚类的数目是聚类分析中常见的问题。前面讲到,K-means 产生与式(3-15)的局部最小值相对应的聚类结果。遗憾的是,D 并不完全合适,这类似于似然是一个差的模型选择标准(它单调递增,而模型更加复杂)。当 k 增加时,$\log D$ 会显著降低。对每个 k 值,我们采用 50 次算法的随机初始化,$\log D$(也就是 D)随着 k 的增加而降低。当 k 增加时,较大的聚类将被分解为更小的部分。聚类越小,每个点离它的聚类均值越近(平均),减少了其对 D 值的贡献。考虑 $K=N$ 的极端情况,当每个聚类只包含一个对象且 $\boldsymbol{\mu}^{(k)}=\boldsymbol{x}_n$ 时,$D=0$。

为了解决模型选择问题,将聚类分析超越分析的总目标通常是有帮助的。在某些验证数据上,选择能够产生最好推荐的聚类数目也许是合理的。类似地,聚类是分类中特征选择的常用方法,基于对象的值聚类特征而非聚类对象($\boldsymbol{X}^\mathrm{T}$ 而不是 $\boldsymbol{T}$)。该例中 k 应该选择使分类性能最优的值。

2. 聚类学习的不足之处

关于聚类学习的一个问题就是聚类问题本身是病态的。这里指的是没有单一的标准去度量聚类的数据在真实世界中效果。可以度量聚类的性质,例如类中元素到类中心点的欧几里得距离的均值。可以判断从聚类分配中重建训练数据的效果,但不知道聚类的性质是否很好地对应于真实世界的性质。此外,可能有许多不同的聚类都能很好地对应于现实世界的某些属性。希望找到和一个特征相关的聚类,但是得到了一个和任务无关的,同样是合理的不同聚类。假设在包含红色卡车图片、红色轿车图片、灰色卡车图片和灰色轿车图片的数据集上运行两个聚类算法,如果每个聚类算法聚两类,那么可能一个算法将轿车和卡车各聚一类,另一个算法根据红色和灰色各聚一类。假设还运行了第三个聚类算法用来决定类别的数目,这有可能聚成了四类,红色卡车、红色轿车、灰色卡车和灰色轿车,这个新的聚类至少抓住了属性的信息,但丢失了相似性信息。

红色轿车和灰色轿车在不同的类中,正如红色轿车和灰色卡车也在不同的类中。该聚类算法没有说明灰色轿车和红色轿车的相似度比灰色卡车和红色轿车的相似度更高,只知道它们是不同的。这些问题说明了我们可能更偏好于分布式表示(对于one-hot 表示而言)的一些原因。分布式表示可以对每个车辆赋予两个属性——一个表示它的颜色,另一个表示它是轿车还是卡车。目前我们仍然不清楚什么是最优的分布式表示(学习算法如何知道我们关心的两个属性是颜色还是轿车或卡车,而不是制造商和车龄),但是多个属性减少了算法去猜我们关心哪一个属性的负担,允许我们通过比较很多属性而非测试一个单一属性来细粒度地度量相似性。

3.3.3 自组织特征映射神经网络

自组织特征映射(self-organizing feature map,SOM)神经网络的设计思想具有生物学的依据,研究发现,当外界的信息输入时,大脑皮层相应的功能区会产生兴奋,位置相邻的神经元具有相近的模式,而远离的神经元则有较大的差别。例如,输入视频信息,视网膜中对特定图形敏感的细胞群被激活,这些视觉信号与大脑皮层神经元存储的相应模式比较,传入的图形与该模式相接近,代表该模式的神经元的兴奋程度越强烈;对于声音信息,如果声波的频率与大脑皮层神经元存储的某些模式越接近,相应的模式就越容易被识别。由于大脑皮层中神经元的模式特点不是先天的,而是通过后天的训练自组织形成的,因此常常能够辨别熟人的面容、声音。据此,芬兰 Helsinki 大学的 Kohonen 教授提出了自组织特征映射的神经网络模型。

SOM 网络主要用于解决模式识别类的问题。SOM 网络属于无监督学习算法,与 K-means 算法相似,不同的是 SOM 网络不需要预先提供聚类数量,类别的数量由网络自动识别出来。它的基本思想是将距离小的个体集合划分为同一类别,将距离大的个体集合划分为不同类别。

从结构上看,SOM 网络比较简单,只有输入层和输出层。输入层与感知器网络相同,节点数就是样本维度,通过权重向量将训练集数据传递到输出层各单元,如图3-6所示。

SOM 网络的输出层比较有特点,与其他神经网络有所不同的是,它与同层的神经元之间建立侧向连接,并可通过权值的学习形成特定的模式。输出层排列成棋盘形。输出层的神经元可以形成多种形式,不同的形式可以映射出不同的模式,如一维线阵、二维平面阵和三维栅格阵等。对于二维的训练数据,排列一般是二维平面阵。

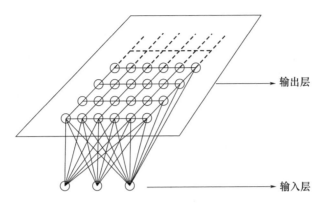

图 3-6 二维 SOM 平面阵

基于上述结构,SOM 网络的实现步骤如下:

(1)输入层网络。输入层网络节点与数据集同行数、同列数,但数据集需要归一化。

(2)输出层网络。一般根据数据集的维度来构建输出层网络。例如,二维的情况,希望分为 4 类,输出层可设计为 4×2 的矩阵。

(3)权重节点。根据输入层的数据集的维度和输出层的预估分类数定义权重节点的维度。例如,数据集是二维的,权重的行数就定为 2,分为 4 类,权重列数就选 4。权重值一般给定 0~1 之间的随机值。

(4)定义学习率。学习率会影响收敛速度,可以定义一个动态的学习函数,随着迭代次数的增加而收敛。学习半径影响聚类效果,可以定义一个动态收缩的半径函数,随着迭代次数的增加而收缩。

(5)聚类过程:

① 接收输入。首先计算本次迭代的学习率和学习半径,并且从训练集中随机选取一个样本。

② 寻找获胜节点。计算数据集中其他样本与此样本的距离,从中找到点积最小的获胜节点。

③ 计算优胜邻域。根据这两个节点计算出聚类的邻域,并找出此邻域中的所有节点。

④ 调整权值。根据学习率、样本数据调整权重。

⑤ 根据计算的结果为数据集分配类别标签。

评估结果:SOM 网络属于无监督聚类,输出结果就是聚类后的标签。如果训练集已经分好类,即具有分类标签,通过新旧标签的比较就可以反映聚类结果的准确度。

3.4 本章小结

本章介绍了四种流行的有监督式(分类)学习模型,提供了关于分类整体问题和各种类型分类算法足够的背景知识,以便读者能够发掘其他算法并将之归类。此外,本章还介绍了无监督式学习的三种算法,即 PCA、K-means 聚类和 SOM。K-means 的简单性和灵活性使其成为一种流行的方法。此方法也存在一些不足,具体来讲,K-means 算法只能得到局部最优解。换句话讲,它们得到对应目标函数的极值,而不能保证是全局最优解。得到的解依赖初始值,不同随机值会得到不同的聚类结果。

参考文献

[1] 裴健,坎伯,韩家炜,等. 数据挖掘概念与技术[M]. 北京:机械工业出版社,2012.
[2] DORNAIKA F, ALDINE I K. Decremental sparse modeling representative selection for prototype selection[J]. Pattern Recognition,2015,48(11):3714-3727.
[3] LI X, MO L, YUAN X, et al. Linearized alternating direction method of multipliers for sparse group and fused LASSO models[J]. Computational Statistics & Data Analysis,2014,79:203-221.
[4] HEBB DO. The organization of Behavior: A neuropsychological theory [M]. New York: John Wiley & Sons Inc,2002.
[5] PRADEEPKUMAR D, RAVI V. Forecasting financial time series volatility using particle swarm optimization trained quantile regression neural network[J]. Applied Soft Computing,2017,58:35-52.
[6] ZHONG Z, PI D. Forecasting satellite attitude volatility using support vector regression with particle swarm optimization[J]. IAENG International Journal of Computer Science,2014,41(3):153-162.
[7] KHOSRAVI A, KOURY R, MACHADO L, et al. Prediction of wind speed and wind direction using artificial neural network, support vector regression and adaptive neuro-fuzzy inference system [J]. Sustainable Energy Technologies and Assessments,2018,25:146-160.
[8] 陈向东. 数据挖掘常用聚类算法分析与研究[J]. 数字技术与应用,2017(4):151-152.

第二篇

异常检测

第4章
基于动态阈值的异常检测方法

工程中对卫星遥测数据中异常值的检测常采用固定的遥测参数上下限,检测阈值不随时间变化,无法反映出遥测参数的动态趋势,难以捕捉遥测参数动态变化过程中出现的异常现象。因此,需建立一种适应动态需求的卫星电源遥测参数异常检测方法。本章首先讨论动态阈值的建立流程,然后分析多种机器学习模型,最后利用多种网络模型与动态阈值相结合的方式对其检测效果进行验证与分析。遥测参数动态阈值检测的基本思想是通过机器学习方法对正常区间的遥测参数的前后序列进行学习建模,之后利用模型的预测结果与实际值的差异程度进行异常检测,对差异程度采用模型预测误差进行衡量。

4.1 机器学习模型的样本建立

本节机器学习模型的样本建立流程如下。

(1)数据清洗。参照2.2.1节中方法,删除原始时间序列中的野值点。采用3倍标准差原则剔除野值[1],即距离序列平均值3倍标准差之外的值出现概率极小,可以作为野值点删除。

(2)数据归一化。参照2.2.3节中方法进行数据归一化。

(3)等间隔化与时标对齐。给定时间段起始时间 t_s 和结束时间 t_e,按一定时间间隔 t_d 建立时标样本。按时标样木时序,在参数时间序列$(t, x(t))$记录中逐步找到与时标样本最接近的时刻,提取该时刻的数据值作为样本值。

(4)样本建立。对于某一维非线性时间序列 $x(t), t \in [1, n]$,若要预测 $x(n+1)$、$x(n+2)$…的值,首先需要构造出预测模型的结构形式,即多个已知序列值顺序输入(输入节点)的输入模式和多个期望输出(输出节点)的输出模式。输入模式中输入节点数的确定原则为,其数值应大于该序列嵌入维数以保存序列内的确定性的性质。具体应用中往往不知道序列的维数,可采用两种方法求得输入节点数:一是对于较长时间序列可将序列分为训练部分和检验部分,然后分别按由小到大的顺序改变输入节点数训练并检验其精确度，当输入节点数的增加误差不进一步减小时，输入节点数变化的临界值即为应采用的数值；二是对于较短时间序列可以将训练部分与检验部分重合或部分重合，选择训练时间短、网络收敛快时的输入节点数为应采用的数值。

确定模型的输入与输出模式的结构形式后，便可从已知序列值中提取样本模式构成训练集，进而对模型进行训练，直至达到一定小的误差要求为止。模型训练结束后，便可以将序列最后的几个数值作为输入对未来输出值进行预测。

以序列$[x(0),x(1),\cdots,x(n)]$为例，记机器学习模型的输入节点个数为L_i、输出节点个数L_o，取样本选取间隔 ds，样本选取过程如图 4－1 所示。

$$\begin{aligned}&[\overbrace{x(0),x(1),}^{X}\cdots,\overbrace{x(L_i-1),x(L_i),}^{Y}\cdots,\overbrace{x(L_i+L_o-1),x(L_i+L_o),\cdots,x(L_i+L_o+\mathrm{ds}-1),}^{\text{样本选取间隔}}\\&\underbrace{\cdots,x(m(L_i+L_o+\mathrm{ds})),}_{X}\underbrace{\cdots,x(m(L_i+L_o+\mathrm{ds})+L_i-1)]}_{Y}\end{aligned}$$

图 4－1　时间序列样本选取过程示意图

由上述过程可得模型样本的输入矩阵：

$$\boldsymbol{X}=\begin{bmatrix}\boldsymbol{X}_0\\ \vdots\\ \boldsymbol{X}_m\\ \vdots\\ \boldsymbol{X}_P\end{bmatrix}=\begin{bmatrix}x(0) & \cdots & x(L_i-1)\\ \vdots & & \vdots\\ x(m(L_i+L_o+\mathrm{ds})) & \cdots & x(m(L_i+L_o+\mathrm{ds})+L_i-1)\\ \vdots & & \vdots\\ x(P(L_i+L_o+\mathrm{ds})) & \cdots & x(P(L_i+L_o+\mathrm{ds})+L_i-1)\end{bmatrix} \tag{4-1}$$

模型样本的输出（目标）矩阵：

$$\boldsymbol{Y}=\begin{bmatrix}\boldsymbol{Y}_0\\ \vdots\\ \boldsymbol{Y}_m\\ \vdots\\ \boldsymbol{Y}_P\end{bmatrix}=\begin{bmatrix}x(L_i+L_o) & \cdots & x(L_i+L_o+\mathrm{ds}-1)\\ \vdots & & \vdots\\ x(m(L_i+L_o+\mathrm{ds})+L_i) & \cdots & x(m(L_i+L_o+\mathrm{ds})+L_i+L_o-1)\\ \vdots & & \vdots\\ x(P(L_i+L_o+\mathrm{ds})+L_i) & \cdots & x(P(L_i+L_o+\mathrm{ds})+L_i+L_o-1)\end{bmatrix} \tag{4-2}$$

4.2　动态阈值生成方法

图 4－2 是某高轨卫星的母线电压输出。该母线电压在 t_1 时刻开始缓慢下降直至 t_2 时刻，整个过程所有数据都在阈值范围内，没有超过最大值和最小值，可是这样的设计不合适。其原因有两个：一是能够对测量值造成误差的因素有控制量

和环境因素,控制量以及环境因素对测量值所造成的影响程度是不一样的,但是上、下阈值一般会选择两者中影响较大的,实际操作阶段中需要根据历史数据在实时状况合适的上下阈值来选择上、下限;二是因为测量值的上下限会相差很大,如果测量数据在上下限之间中出现非常大的波动不会被发现,对这类动态参数无法直接用固定的阈值,采用阈值法对其进行检测就是不合理的。阈值法的检测阈值不随时间变化,无法反映遥测参数的动态趋势,难以捕捉遥测参数动态变化过程中出现的异常。因此,需建立一种适应动态需求的卫星电源遥测参数异常检测方法。

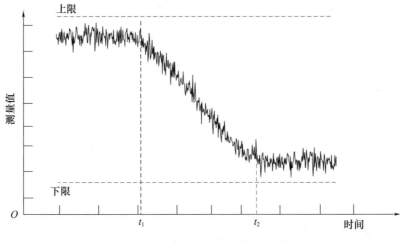

图 4-2 某高轨卫星的母线电压输出

4.2.1 评价函数

以 y 代表实际遥测参数值即模型训练时的标记值,$\hat{y}$ 代表模型的预测值,则 $E = y - \hat{y}$ 为绝对误差。以均方根误差作为预测结果的评价标准,其计算公式如下:

$$\text{RMSE} = \sqrt{\frac{1}{P}\sum_{i=1}^{P} E_i^2} = \sqrt{\frac{1}{P}\sum_{i=1}^{P} (y_i - \hat{y}_i)^2} \qquad (4-3)$$

它代表了预测误差的离散程度,也称标准误差,最佳情况为 RMSE = 0,是误差分析的综合指标之一。这里模型的训练误差即为 RMSE。

4.2.2 生成过程

设模型预测输出序列 $Y_0 = [y(1), y(2), \cdots, y(i), \cdots, y(m)]$,采用拉格朗日插值法[2]对输出序列进行插值处理,可得某一时刻 t 的插值多项式为

$$L(t) = y(1) \cdot \frac{(t-2) \cdot (t-3) \cdots (t-m)}{(-1) \cdot (-2) \cdots (1-m)} +$$
$$y(2) \cdot \frac{(t-1) \cdot (t-3) \cdots (t-m)}{1 \cdot (-1) \cdot (-2) \cdots (2-m)} + \cdots +$$
$$y(m) \cdot \frac{(t-1) \cdot (t-3) \cdots (t-m+1)}{(m-1) \cdot (m-2) \cdots 1}$$
$$= \sum_{i=1}^{m} \left(y(m) \prod_{j=1, j \neq i}^{m} \frac{t-j}{i-j} \right) \quad (4-4)$$

$L(t)$ 代表预测输出序列以时间为自变量的连续函数。如果模型的训练误差为 RMSE，设定检测阈值为 κ，则检测阈值上限和下限分别设置为

$$L_U(t) = L(t) + \kappa \cdot \text{RMSE}$$
$$L_B(t) = L(t) - \kappa \cdot \text{RMSE} \quad (4-5)$$

4.2.3　试验测试

（1）根据时标对齐方法，对得到的 10258 组数据（数据格式为 <时间，参数值>，如表 4-1 所列），建立样本序列 $\{x(t)\}$，样本序列长度 $P=8928$，部分数据变化形态如图 4-2 中中间黑实线所示。

（2）设置输入向量长度 $L_{in}=100$，样本选取间隔 $ds=1$，按照式（4-4）中所示的方法建立样本集 T，共得到 $N=8828$ 组样本。

（3）按照 4.1 节介绍，先计算不同输出值的取值概率，再计算不同数值条件下输入向量中每个元素取值的条件概率。在此基础上可计算得到每个输入向量的预测值，形成预测值序列 $\{\hat{x}(t)\}$。

（4）按照 4.2.2 节对预测值序列进行拉格朗日插值。计算预测结果的均方根误差 RMSE，设置检测阈值 $\kappa=2$，按照式（4-5）生成检测上、下阈值。

（5）按照式（4-4）对原始遥测数据时间序列进行检测。部分时间区间的检测效果如图 4-3 和图 4-4 所示。黑色线所示为实际遥测值，黄色线和紫色线所示为生成的动态上限和下限。图 4-5 中蓝色线为模型残差，即预测值与实际值的偏差值，红色线所示为阈值上、下限。可见，动态阈值很好地反映了实际值的变化，很好地包络了参数趋势。图 4-3 和图 4-4 的参数实际值呈现近似正弦函数的变化趋势，但图 4-3 从 2018 年 7 月 6 日 21:00 左右开始到 22:00 左右，实际值变为恒定，显然不符合参数变化规律，这段区域的数值被标记为了异常（红色点）。图 4-4 从 2018 年 7 月 15 日 10:48 左右，实际值突变，显然不符合参数变化规律，该点的数值被标记为异常（红色点）。图 4-5 所示为模型残差变化图，对应于图 4-4，在 2018 年 7 月 15 日 10:48 左右时的模型残差超过设定的阈值上限，该点对应的实际值被标记为异常。

表 4-1　某低轨卫星的蓄电池组电压遥测参数数据

时间 2018-07-06	参数值	时间 2018-07-06	参数值	时间 2018-07-06	参数值
08:00:01	26.25	09:12:01.230	26.35	10:24:01.230	24.1
08:12:01	25.15	09:24:01.230	26.95	10:36:01.230	23.6
08:24:01	24.65	09:36:01.230	25.35	10:48:01.230	25.45
08:36:01	23.8	09:48:01.230	26.35	11:00:01.230	26.15
08:48:01	24.95	10:00:01.230	25.35	11:12:01.230	26.65
09:00:01	25.95	10:12:01.230	24.7	……	……

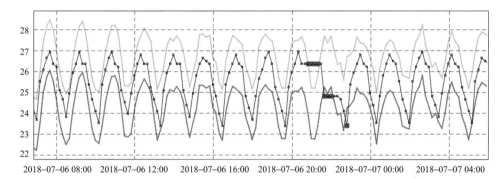

图 4-3　(见彩图)某卫星蓄电池组电压预动态阈值

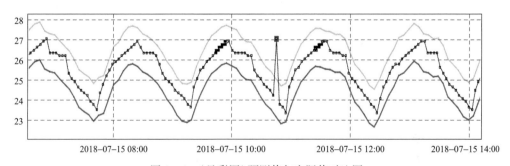

图 4-4　(见彩图)预测值与实际值对比图

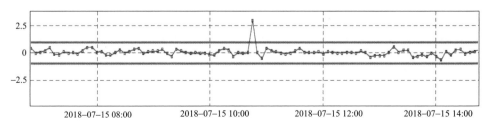

图 4-5　(见彩图)模型残差变化图

4.3 机器学习模型的对比

本书中建立的五种机器学习模型设计理念各不相同,因此适用情形和优缺点差异显著。其中,神经网络模型具有强大的非线性拟合能力,稳健性强,并行性好,适合数据量大时使用;缺点是容易陷入局部极小值,对初值敏感。而径向基函数网络[3]避免了局部极小值问题,具有唯一最佳逼近特性;但分类准确率不高。支持向量机[4]可用于非线性分类任务和回归问题,泛化误差较低,计算复杂度低;但对参数选取和核函数选择比较敏感。随机森林模型[5]的可解释性强,能够处理不相关特征,易训练,准确率高,调节参数少;但适用于数据维度不太高的情形,数据属性较多时会对模型准确率有较大影响,容易过拟合,计算量随树的规模增大而显著增加。朴素贝叶斯方法[6]是利用期望风险最小化得到后验概率最大化,完全基于条件概率、计算量小,可解释性强,对小规模样本数据训练效果好,适合多分类任务;但对输入数据的表达形式敏感,需要基于条件独立假设,准确率不高。

4.3.1 周期型稳态参数

以某低轨卫星 A 的某温度参数为例,对几种机器学习的效果进行对比。选取 2018 年 5 月 1 日至 7 月 1 日的数据,样本时标间隔 5min,样本选取间隔 30,模型的输入节点 50、输出节点 10,最终得到 592 组样本。预测区间为 2018 年 7 月 2 日至 7 日。表 4-2 所列为机器学习模型的参数配置。

表 4-2 机器学习模型的参数配置

BP 神经网络	RBF 神经网络	支持向量机	随机森林	朴素贝叶斯
正弦激活函数 隐藏层数:30 训练步长:1000 收敛条件:10^{-6}	高斯激活函数 训练步长:1000 隐藏层数:30	核函数:线性 惩罚偏差:10^{-6} 损失函数:1 阶	200 棵树 50 个特征	50 个特征

图 4-6~图 4-10 分别为 BP 神经网络、RBF 神经网络、支持向量机、随机森林和朴素贝叶斯模型的时间序列预测结果与实际遥测值的对比。可见该参数呈现周期性稳定变化,没有长期趋势,变化周期约为 1.6h。5 种模型除 RBF 神经网络外,输出序列均很好地与实际值变化吻合、偏差很小。表 4-3 列出五种机器学习模型的训练时长、训练误差和在预测时间段上的泛化误差的对比(误差均为均方根误差)。按照训练时间排序,由快至慢依次为朴素贝叶斯、RBF 神经网络、支持向量机、随机森林和 BP 神经网络。由于 RBF 神经网络采取了聚类方法选取径向

基中心,优化方向明确,因此其训练的收敛速度较 BP 神经网络快了很多。朴素贝叶斯方法速度最快,这是由于其计算原理最为简单。而 BP 神经网络则由于网络结构较为复杂,计算量在五种模型中最大,因此计算速度最慢。

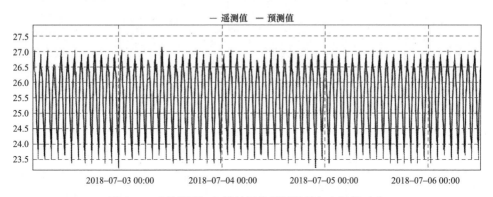

图 4-6 (见彩图)BP 神经网络预测结果与实际值对比

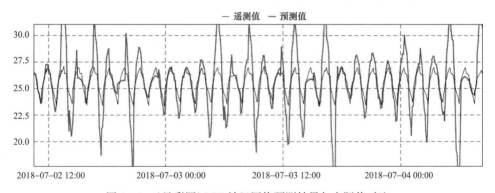

图 4-7 (见彩图)RBF 神经网络预测结果与实际值对比

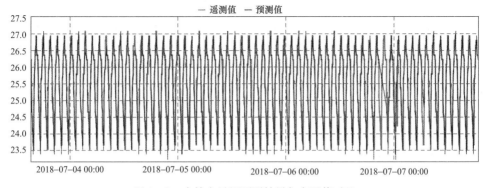

图 4-8 支持向量机预测结果与实际值对比

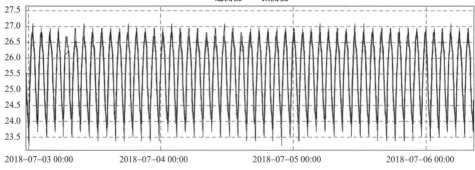

图 4-9 随机森林预测结果与实际值对比

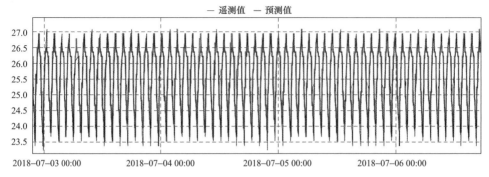

图 4-10 朴素贝叶斯预测结果与实际值对比

对于机器学习模型训练误差而言，由小至大依次为随机森林、朴素贝叶斯、支持向量机、BP 神经网络和 RBF 神经网络。由此可见，随机森林和朴素贝叶斯方法表现出强大的分类能力，优于其他几类算法。但对于机器学习模型更重要的是其泛化学习能力，即在新样本上的分类预测能力。从泛化误差来看，由小至大依次为 BP 神经网络、支持向量机、朴素贝叶斯、随机森林和 RBF 神经网络。由此可见，BP 神经网络和支持向量机表现出良好的泛化学习能力。对比训练误差可知，随机森林和贝叶斯方法容易出现过拟合现象，即在新样本上分类效果差。BP 神经网络虽然训练时间长，但其强大的非线性拟合能力和分类能力体现在很小的泛化误差上。

表 4-3 机器学习模型训练时长和误差对比

机器学习模型	训练时长/s	训练误差	泛化误差
BP 神经网络	16	0.2597	0.362
RBF 神经网络	12	0.529	2.1
朴素贝叶斯	10	0.0841	0.4817
支持向量机	13	0.10	0.4262
随机森林	14	0	0.9651

4.3.2 周期型递进参数

考虑参数形态较某低轨卫星 A 的某温度参数更复杂的情形,以某高轨卫星 B 某温度参数为例,其 2018 年 2 月至 7 月的形态如图 4-11 所示。该参数在长期趋势上呈现缓慢递增趋势,而在局部则呈现周期性变化。对该参数 2018 年 2 月 1 日至 4 月 13 日的数据进行建模训练,样本时标间隔、样本选取间隔、模型的输入和输出节点均与 4.3.1 节中的一致,预测的时间区间为 2018 年 5 月 2 日至 5 月 11 日。

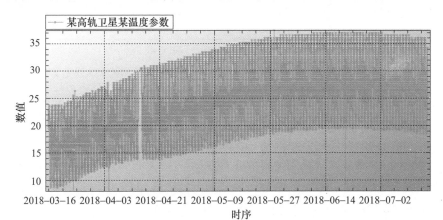

图 4-11　某高轨卫星 B 某温度参数的变化

1. 无数据差分

图 4-12 为某高轨卫星 B 某温度参数的 BP 神经网络预测值与实际值的对比。图 4-13 为预测结果的残差变化。BP 神经网络的泛化误差为 0.7632,从图 4-12 和图 4-13 上可以看出,模型的预测效果较差。数据具有长期的递进趋势,模型在训

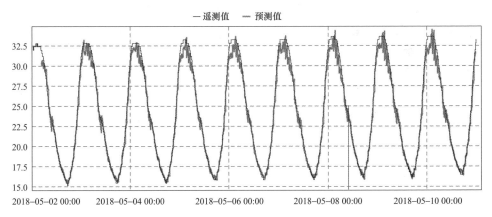

图 4-12　(见彩图)某高轨卫星 B 某温度参数的 BP 神经网络预测值与实际值的对比

练样本上的分类结果难以适用于新样本上,导致泛化能力差。从残差的变化也可以看出其带有周期特性,说明建模效果较差,没有对数据进行很好的拟合。可以先对这种参数进行一阶差分,消除长期趋势项。

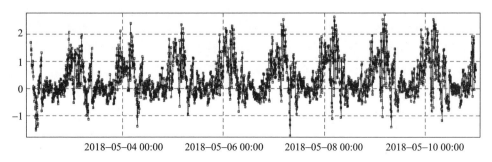

图 4-13　某高轨卫星 B 某温度参数的 BP 神经网络预测结果的残差变化

2. 一阶数据差分

对数据进行一阶差分后建模,对模型的输出结果进行还原处理,可得图 4-14 所示的参数的 BP 神经网络预测值与实际值的对比。图 4-15 为某高轨卫星 B 某温度参数的 BP 神经网络预测结果的残差变化,可得模型的泛化误差为 0.4652,相比于无差分情形,误差降低了约 64%。从预测结果看,除个别位置有稍大的偏差,总体上预测值与实际值符合较好。从残差的变化可以看出,相比于图 4-13,残差的变化没有了明显的周期性特征,说明模型的训练达到了收敛和较强的拟合效果。

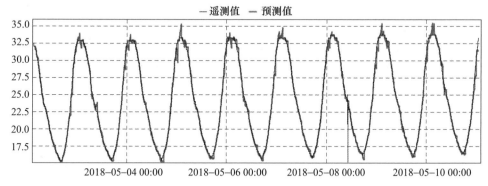

图 4-14　(见彩图)某高轨卫星 B 某温度参数的 BP 神经网络预测值与实际值
(一阶差分后)

图 4-16 ~ 图 4-19 分别为某高轨卫星 B 某温度参数的 RBF 神经网络、支持向量机、随机森林和朴素贝叶斯模型的预测值和实际值的时序变化。可见 RBF 神经网络和支持向量机的预测结果比较平滑,随机森林和朴素贝叶斯的预测结果呈阶梯状,这是预测效果不佳的体现。

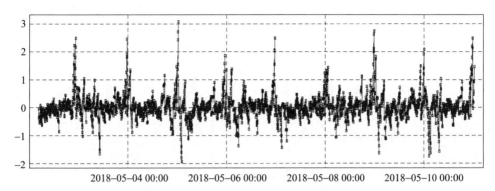

图4-15 某高轨卫星B某温度参数的BP神经网络预测结果的残差变化
（一阶差分后）

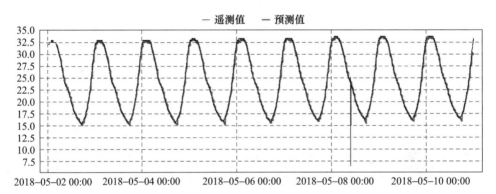

图4-16 （见彩图）某高轨卫星B某温度参数的RBF神经网络预测值与实际值
（一阶差分后）

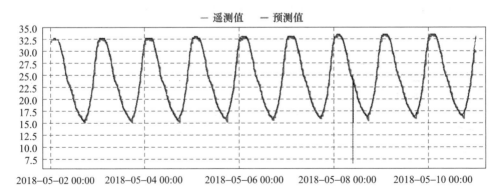

图4-17 （见彩图）某高轨卫星B某温度参数的支持向量机预测值与实际值
（一阶差分后）

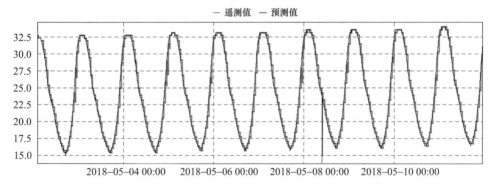

图 4-18 （见彩图）某高轨卫星 B 某温度参数的随机森林预测值与实际值
（一阶差分后）

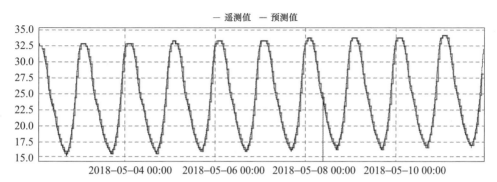

图 4-19 （见彩图）某高轨卫星 B 某温度参数的朴素贝叶斯预测值与实际值
（一阶差分后）

如表 4-4 所列，模型训练误差由小至大依次为随机森林、朴素贝叶斯、支持向量机、BP 神经网络和 RBF 神经网络，这一顺序与 4.3.1 节中某低轨卫星 A 的温度参数的训练结果一致。泛化误差由小至大依次为 BP 神经网络、RBF 神经网络、朴素贝叶斯、随机森林和支持向量机。结合图 4-16 可知，通过对数据的一阶差分，RBF 神经网络的预测效果得到了显著提升。BP 神经网络在这一数据集上仍然表现出最好的泛化能力，且预测误差最小。

表 4-4 机器学习模型训练时长和误差对比

模型	训练时长/s	训练误差	泛化误差
BP 神经网络	17	0.147	0.4652
RBF 神经网络	13	0.164	0.53
朴素贝叶斯	9	0.056	0.9286
支持向量机	14	0.083	1.2
随机森林	16	0	0.9651

4.4 本章小结

本章主要对动态阈值的建立流程和几种机器学习模型的训练效果和预测效果进行研究。从动态阈值对遥测数据进行检测的原理开始,阐述了如何利用动态阈值对卫星电源遥测参数进行异常检测,并通过某低轨卫星的蓄电池组电压遥测参数数据对动态门限法的有效性进行了验证,证明此方法相对于固态阈值法的灵活性与自适应性。对随机森林、朴素贝叶斯、BP 神经网络、支持向量机 RBF 神经网络五种机器学习模型进行了分析研究,并利用五种模型分别对周期稳态型参数、某低轨卫星 A 的某温度参数和周期递进型参数、某高轨卫星 B 某温度参数进行预测,分析了五种模型在训练误差、泛化误差、训练时长以及拟合效果中的表现。最后通过某高轨卫星的电压参数数据进行了基于贝叶斯异常检测模型的效果验证,结果证明此方法可以依据参数的动态变化情况实时对卫星电源遥测数据的异常情况进行检测,且能有效避免漏报情况。

参考文献

[1] 祝转民,秋宏兴,李济生,等. 动态测量数据野值的辨识与剔除[J]. 系统工程与电子技术,2004(2):147 – 149,190.
[2] 涂俐兰,黄丹. 插值法在数据修正中的应用[J]. 数学理论与应用,2012,32(3):110 – 116.
[3] 朱明星,张德龙. RBF 网络基函数中心选取算法的研究[J]. 安徽大学学报(自然科学版),2000(1):72 – 78.
[4] 李盼池,许少华. 支持向量机在模式识别中的核函数特性分析[J]. 计算机工程与设计,2005(2):302 – 304.
[5] 姚登举,杨静,詹晓娟. 基于随机森林的特征选择算法[J]. 吉林大学学报(工学版),2014,44(1):137 – 141.
[6] 贺鸣,孙建军,成颖. 基于朴素贝叶斯的文本分类研究综述[J]. 情报科学,2016,34(7):147 – 154.

第 5 章
基于形态图谱的异常检测方法

5.1 遥测数据周期切分预处理

随着信息技术的发展,在卫星遥测数据分析领域故障特征提取及诊断技术得到了更大的发展。其中,确定特征分析窗口是进行卫星遥测数据分析的基础性问题,直接决定了特征提取和诊断检测的准确性与可靠性。

5.1.1 遥测数据周期切分流程

目前,卫星多遥测数据分析大多采用固定窗口或滑动窗口依次将每个参数划分为多个分析子序列。这种划分方法存在两方面的问题:第一,由于卫星的机动特性和所处空间环境的复杂性,采用固定周期值划分窗口难以准确分割遥测参数的各个周期,从而形成偏移,对特征提取产生影响;第二,由于卫星结构的复杂性,单个参数独立划分缺少从整体角度对卫星运行状态的综合考虑,难以将多关联参数的划分窗口从时间尺度上对齐。

为解决现有卫星多遥测参数分析中难以准确划分子分析窗口且难以对多关联参数窗口在时间尺度上对齐的技术问题,本章提供了一种通过多遥测参数关联周期分析方法,选取基准参数获得划分特征,实现多参数分析窗口的时间尺度上对齐的准确划分方法。

多遥测参数分析窗口划分流程(图 5-1)如下:

(1) 多参数周期关联性分析:

① 卫星遥测数据分析中共包括 n 个遥测参数为 $p_1, p_2, \cdots, p_n$。对每个遥测参数 $p_i (1 \leqslant i \leqslant n)$ 进行等间隔预处理,同时由于不同的参数采用的采样周期差异较大,根据参数说明文件取得每个遥测参数 p_i 的采样周期 s_i,然后针对遥测参数 p_i 使用时间间隔 s_i 通过均值或中位数方式进行等时间间隔采样,获得采样后遥测参

数序列 $S_i = S(p_i) = [d_{1i}, d_{2i}, \cdots, d_{mi}]$，$m$ 为采样后遥测参数序列长度。

② 对每个遥测参数 p_i 预处理后的等间隔序列 S_i 进行快速傅里叶变换，得到变化结果 $F_i = \text{FFT}(S_i) = [f_0, f_1, \cdots, f_{m-1}]$，将零频直流分量 f_0 设置为 0，然后计算 F_i 中的最大值 $\max(F_i)$，得到遥测参数 p_i 的近似周期 $t_i = (m \cdot s_i) / \max(F_i)$。循环计算得到所有参数的周期 $[t_1, t_2, \cdots, t_n]$。

③ 从所有遥测参数计算得到的周期集合 $[t_1, t_2, \cdots, t_n]$ 中统计相同长度周期出现的次数，找到出现次数最多的周期 $t_{\max}$，将 $[t_1, t_2, \cdots, t_n]$ 中所有等于 $t_{\max}$ 的参数列为备选参数集 $[p_1, p_2, \cdots, p_v](v \leq n)$，对于其中的每个参数 $p_j(1 \leq i \leq k)$，其对应的周期 $t_j = t_{\max}$。

(2) 计算得到的备选参数集中确定基准参数并获得基准参数的划分特征，具体如下。

① 对备选参数集 $[p_1, p_2, \cdots, p_v]$ 中的每个参数 p_j，利用时间周期 $t_{\max}$ 对采样序列 S_j 进行预划分，得到子序列集合 $[\text{sub}_1, \text{sub}_2, \cdots, \text{sub}_c]$。从子序列集合中每个序列 $\text{sub}_k (1 \leq k \leq c)$ 中取得前两个采样周期的采样点对 $(s_{d1}, s_{d2})_k$。利用采样序列 S_j 的最大值和最小值进行等间隔分箱处理，得到采样点对 $(s_{d1}, s_{d2})_k$ 对应的分箱值对 $(e_1, e_2)_k$。所有子序列集合计算得到的分箱值对集合为 $[(e_1, e_2)_1, (e_1, e_2)_2, \cdots, (e_1, e_2)_c]$。

② 在分箱值对集合 $[(e_1, e_2)_1, (e_1, e_2)_2, \cdots, (e_1, e_2)_c]$ 中得到出现次数最多的分箱值对 $(e_1, e_2)_q$，其中 $1 \leq q \leq c$，将其作为遥测参数 p_j 的窗口划分特征。利用该特征对采样序列 S_j 重新划分，得到新的划分子序列集合 $[\text{sub}_{n1}, \text{sub}_{n2}, \cdots, \text{sub}_{nc}]$。依此在新的子序列集合中计算后一项与前一项的卷积，即 $\text{corr}_{ii} = \text{corr}(\text{sub}_{ii} * \text{sub}_{ii-1})$，其中 $2 \leq ii \leq nc$，得到 $[\text{corr}_1, \text{corr}_2, \cdots, \text{corr}_{nc-1}]$，计算该集合的标准差 std_j，该值为遥测参数 p_j 重新划分窗口后得到的标准差，所有备选参数都计算划分窗口后的标准差，得到 $[\text{std}_1, \text{std}_2, \cdots, \text{std}_v]$。

③ 在备选参数标准差集 $[\text{std}_1, \text{std}_2, \cdots, \text{std}_v]$ 中求得具有最小标准差值的参数 p_{sel} 作为基准参数，将基准参数 p_{sel} 的划分特征 (e_1, e_2) 作为基准划分特征。

(3) 利用计算出的基准参数和基准划分特征对所有参数进行同步分割，具体如下。

① 设置最小保护时间间隔 t_{safe} 是确保每个划分窗口不小于 t_{safe} 的值，避免窗口划分中受到野值的影响。t_{safe} 一般取卫星轨道周期时长。使用最小保护时间间隔 t_{safe} 和基准划分特征 (e_1, e_2) 对基准参数 p_{sel} 的采样序列 $S_{\text{sel}} = [d_{1\text{sel}}, d_{2\text{sel}}, \cdots, d_{m\text{sel}}]$ 进行时间窗口的划分，将划分出的每个窗口使用窗口开始时间和窗口结束时间进行表示，得到基准划分窗口集为 $[(\text{ws}_1, \text{we}_1), (\text{ws}_2, \text{we}_2), \cdots, (\text{ws}_h, \text{we}_h)]$。

② 依次选取待分析的 n 个遥测参数中的 p_i，利用基准划分窗口集 $[(\text{ws}_1, \text{we}_1), (\text{ws}_2, \text{we}_2), \cdots, (\text{ws}_h, \text{we}_h)]$ 对该遥测参数的数据进行划分。划分方法为将 $1 \sim h$ 顺序从基准划分窗口集 $[(\text{ws}_1, \text{we}_1), (\text{ws}_2, \text{we}_2), \cdots, (\text{ws}_h, \text{we}_h)]$ 中取出划分

时间窗口对$(ws_{jj}, we_{jj})(1 \leqslant jj \leqslant h)$，将遥测参数$p_i$中开始时间$\geqslant ws_j$、结束时间$\leqslant we_j$的遥测值序列作为该窗口对应的划分结果。

遥测数据周期切分达到的效果如下。

(1)通过遥测参数的基准划分特征进行分析窗口的划分，而不是采用固定或滑动的窗口进行划分，避免了空间环境或信道传输等因素造成的窗口偏移，实现了遥测参数分析窗口的准确划分，提高了后续特征提取和诊断检测的准确性。

(2)通过基准参数对多个遥测参数进行同步划分，实现了时间尺度上的窗口对齐，增强了遥测数据的可分析性，更利于分析挖掘多参数间的关联关系。

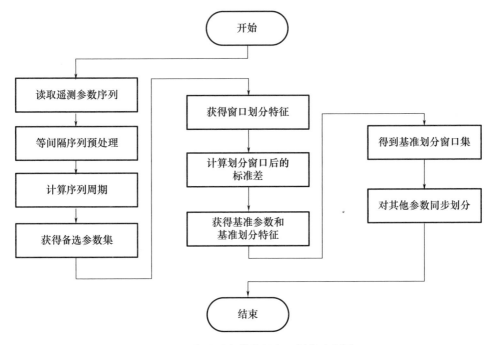

图 5-1 多遥测参数分析窗口划分流程图

5.1.2 遥测数据周期切分示例

参照图 5-2 多遥测参数分析窗口划分结果，以参数 1 为基准参数实现对参数 2、参数 3 和参数 4 的分析窗口划分，虚线标记处为划分窗口。

分析窗口划分流程主要有以下步骤。

(1)多参数周期关联性分析。

① 首先读入待分析的 n 个遥测参数的时间和值组成的时间序列，然后分别对这 n 个遥测参数进行预处理。预处理过程主要包括两步：剔除野值，是为了避免空间环境或链路异常对整个时间序列的影响，剔野方法可采用 3σ 剔野法，同时在剔

野过程中为了防止剔去遥测参数出现的异常状态,在异常值连续多次出现时该值不剔除;等间隔处理,主要是因为待分析的遥测参数时间序列是不同采样间隔数据的排序组合,不便于后续算法处理,同时在等间隔处理的过程中,不同参数一般使用不同的采样间隔,所以不能采用固定值对所有参数进行统一的采样处理,需要计算得到每个参数的采样间隔,然后每个参数按照本参数的采样间隔进行等间隔处理。

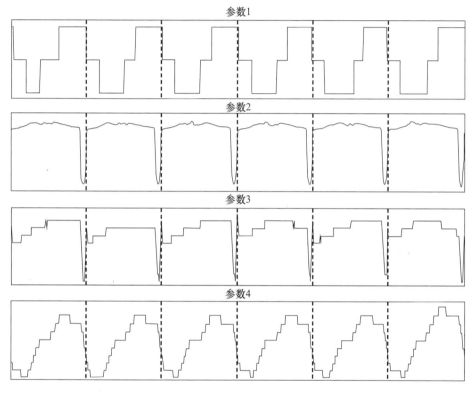

图5-2 多遥测参数分析窗口划分结果

② 对 n 个遥测参数都进行快速傅里叶变换,求得各个参数的大概周期,此周期并不是准确值,而是为了将所有参数进行周期的关联分析,把周期近似相同的参数归为一类。

③ 将所有参数归类后,选择占比最大的类中的所有参数作为备选参数集。

(2)生成基准参数的划分特征。

① 对备选参数集中的每个参数按照计算出的周期进行划分,得到该参数的划分子序列集合。从子序列集合中每个序列取前两个采样周期的采样点作为特征点对,然后通过计算遥测参数时间序列的最大值和最小值,将特征点对转换为分箱值对,计算所有子序列的分箱值对,取其中出现次数最多的分箱值对作为该参数序列

的划分特征。

② 备选参数集中的每个遥测参数按照划分特征对该参数的时间序列重新划分,在得到的子序列中计算后一项与前一项的卷积,然后计算所有卷积结果的标准差。

③ 在所有备选参数的标准差中取具有最小标准差值的遥测参数作为基准参数,将该基准参数的划分特征作为基准划分特征。

(3) 利用基准参数完成多参数的窗口划分:

① 设置最小保护时间间隔,确保每个划分窗口都大于最小保护时间间隔的值,使用基准划分特征对基准参数的时间序列进行窗口划分,得到每个子窗口的开始时间和结束时间,得到所有划分子窗口的基准时间区间集合。

② 对所有待分析的 n 个遥测参数,利用基准划分窗口集对每个遥测参数的时间序列进行划分,划分方法为依次从基准划分窗口集中选取划分时间窗口对,然后选取时间序列中在开始时间和结束时间之间的序列作为一个划分子窗口的结果。

综上所述,通过多遥测参数关联周期分析,选取基准参数获得划分特征,实现多参数分析窗口的时间尺度上对齐的准确划分方法,解决了现有卫星多遥测参数分析中难以准确划分子分析窗口且难于对多关联参数窗口在时间尺度上对齐的技术问题。

5.2 形态特征提取与监测

卫星遥测数据是时间序列数据,很多异常信息隐藏在数据表象之后难以直接观察。从多角度提取卫星数据的不同特征,从不同角度揭示了异常数据某一方面的本质,丰富的特征信息有助于更全面、更完整、更深刻地认识异常过程,有助于提升异常检测精度,提高检测方法的泛化能力和适用性,指导故障识别和不同模式故障的分类。

近年来,国内外专家、学者在时序数据的挖掘方面做了很多工作,提出了许多新的观点和方法,相关研究主要集中在时间序列分割、序列聚类和分类、相似查询、模式发现等方向。文献[1]总结了应用到时序数据挖掘的三类技术,即表示技术、距离度量和索引法,并形式化了四种稳健性评价方法。文献[2]对多元时间序列的频繁模式进行可视化探索。文献[3]提出了一种多时间序列的离群点检测方法,并且应用于股市中,通过有效发现股市异常来提高股市监督的效率。文献[4]提出在数据分析中预测未来趋势的关键是研究多维细分数据的时间序列动态。文献[5]提出了基于视频流数据的一种实时异常检测系统,以非参数方式直接评估局部描述符统计信息。

通过建立形态图谱的方式对训练数据进行聚类和特征提取,获得每个参数在训练周期内的形态特征,然后在应用场景下自动提取该参数待检测时间区间内的形态特征,并与典型形态模板库进行形态匹配,对卫星单个遥测参数门限内的变化情况进行检测。

5.2.1 系统架构

基于形态图谱的门限内异常检测系统主要采用半自动方式对卫星单个遥测参数阈值内的变化情况进行检测。其基本思路(图5-3)如下。

(1)通过机器学习的方式自动对训练数据进行聚类和特征提取,获得每个参数在训练周期(低轨卫星选择一圈为一个周期,高轨卫星选择一天为一个周期)内的形态特征。

(2)采用人工判断方式对提取的形态特征进行识别、分类、标记,建立该参数的典型形态模板库。

(3)在应用场景下自动提取该参数待检测时间区间内的形态特征,并与典型形态模板库进行图形匹配,对于模板库中未出现的参数形态,系统标记该形态对应的时间段内参数发生了异常。

(4)采用人工审查的方式对系统给出的异常检测结果进行复核,达到全面了解卫星在轨运行状态的目的。

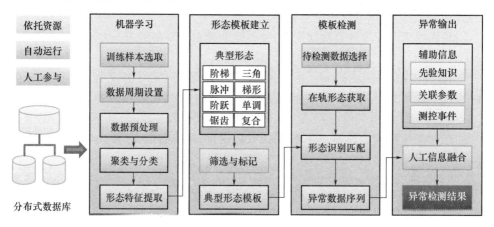

图5-3 系统架构

5.2.2 主要技术步骤

1. 自适应获取周期

对于明显周期性变化的数据,其最小正周期是非常重要的信息。数据周期可以由人设定,但缺乏适应能力,当卫星参数发生变化时不能及时响应到正确的参数周期。本章提出了自适应获取周期的算法,该算法根据数据序列自动识别出该参数的最小完整周期,而不必人工逐一测算。

自适应获取周期的步骤如下:

(1) 观察向量的长度设置为 L,选择从第一条数据开始的 L 条数据作为基准向量 v_0;

(2) 从起点依次往后移动 $k\Delta t(k=1,2,\cdots)$,生成一系列等长度的偏移向量 v_1,直到向量的长度小于 L;

(3) 计算基准向量 v_0 与偏移向量 v_1 间的相似度(内积),得到相似度列表;

(4) 利用傅里叶变换获取相似度列表的周期;

(5) 根据数据量、最大能量的频率、采样间隔 Δt,以及傅里叶变换公式,得到数据的周期。

观察向量的长度 L 应该大于数据周期。L 过小可能导致计算结果不准确,L 过大增加了计算量,可以将 L 设置为估计周期的 1.5 倍。Δt 表示采样间隔,每隔 Δt 获取长度为 L 的向量。

对于单一周期的数据,取其观察向量相关值(向量内积)极大点的最小间隔就得到了周期。但是有些数据包含多个频率,上述最小间隔不是最小的完整周期,而只是其中的高频分量。对观察向量相关值曲线再采用傅里叶变换获取其主周期,而不是由相似度曲线的最小峰值间隔直接决定。主周期就是能量最大频率所对应的周期,也应是数据的最小完整周期。

利用傅里叶变换计算数据周期,模拟频率和数字频率的关系为

$$\Omega = \omega T \tag{5-1}$$

式中: ω 为模拟频率, $\omega = 2\pi f$; f 为数据的频率,与所求周期对应; T 为采样间隔(s); Ω 为数字频率, $\Omega = 2\pi k/N$, k 表示 k 倍频, $2\pi/N$ 为基频, N 为点的数目。

由 $2\pi k/N = 2\pi fT$ 可得 $f = k/NT$。

已知能量最大的频率、采样间隔以及数据量,可得数据周期为

$$C = \frac{1}{f} = \frac{NT}{k} \tag{5-2}$$

2. 自适应获取特征

把时序数据划分成一个个连续观察窗口,然后针对每个观察窗口获取多种特征,如统计特征、傅里叶特征、主成分分析(principal component analysis, PCA)特征和小波特征等。

统计特征是最简单的特征向量,包括四维特征,统计特征向量为[最大值,最小值,均值,方差]。

傅里叶特征由固定数目的傅里叶系数以及对应的频率组成。经过傅里叶变换后,可以得到一系列的傅里叶系数以及对应的频率。忽略能量最大的直流分量,也

就是忽略第一个傅里叶系数。通过对剩余的傅里叶系数的绝对值按照从大到小的顺序进行排列,即按照能量大小进行排序,选择前 n 个傅里叶系数以及对应的频率作为傅里叶特征。

PCA 特征由固定数目的 PCA 系数组成。通过 PCA 变换,可以得到标准化数据的协方差矩阵,并计算协方差矩阵的特征值以及特征向量。按照特征值从大到小进行排序,选择前 n 个最大特征值,以及对应的特征向量,并通过转换特征值和特征向量,得到最后的 PCA 特征。

小波近似特征和小波细节特征都是通过小波分解来得到的。没有指定唯一的小波分解层数,而是根据数据自适应地确定小波的分解层数,以获得合适的特征向量长度。小波近似特征由小波近似系数组成;同样地,小波细节特征由小波细节系数构成。

按照上述 5 种方法提取特征,可以得到 5 种单一的特征向量。对于每种单一的特征向量,按照列来进行线性归一化处理,以便在聚类时得到有效的结果。

3. TK – Means 聚类算法

传统的 K – means 聚类算法需要人工指定簇的数目;但对于实际数据最优簇数目很难事先确定,所以对传统 K – means 聚类算法进行改进,提出了基于阈值的聚类算法——TK – Means 算法。

在 TK – Means 算法中,簇的数目不是一个固定值,而是一个范围[min, max]。其设置了初始相似度阈值 t,但 t 是自适应变化的。如果第 1 次聚类得到的簇数目大于 max,且 t 小于最大阈值,则将阈值 t 增大 Δt,重新进行聚类,直到第 1 次聚类得到的簇的数目在[min, max]范围中。如果第 1 次聚类得到的簇的数目小于 min,且阈值 $t > \Delta t$,则将阈值 t 减小 Δt,重聚类,直到第 1 次聚类得到的簇的数目在[min, max]范围中。

TK – Means 聚类算法步骤如下:

(1) 第 1 次聚类;

(2) 如果第 1 次聚类得到的簇的数目在[min, max]范围中,则执行步骤(3),否则调整阈值 t 并重复执行步骤(1);

(3) 对聚类结果进行调整,迭代次数 i 递增;

(4) 判断聚类结果是否稳定,如果聚类结果不稳定,且迭代次数 i 小于最大阈值,则重复执行步骤(3),否则聚类结束。

TK – Means 根据阈值 t 得到第 1 次的聚类结果,如果第 1 次的聚类结果的簇的数目不在控制范围内,则调整阈值 t,重新进行第 1 次聚类;否则,对聚类结果进行调整,直到聚类结果稳定。

在第 1 次聚类中,簇每增加 1 条数据时,就会调整簇中心,直到处理完所有的数据。而在对聚类结果进行调整的过程中簇心是不变的,直到所有的数据全部处理完后才调整簇心。

通过 TK-Means 算法分别对上述 5 种特征向量进行聚类,并将得到的聚类结果表示成特征字符。聚类结果中点个数最多的簇用"a"特征表示,即该簇中所有的观察窗口都是"a"特征。该特征的支持度也就是该簇的支持度,为簇中窗口数目与整个数据所有窗口数目的比,即

$$\mathrm{Sup}(C_i) = \frac{|C_i|}{\sum_{i=1}^{k}|C_i|} \tag{5-3}$$

式中:$\mathrm{Sup}(C_i)$ 为第 C_i 个簇的支持度;$|C_i|$ 为该簇中观察窗口的数目,即簇中点的个数。

5.2.3 试验结果分析

采用遥感系列卫星数据进行示例验证分析,用到的遥测数据均将实时遥测和延时遥测排序拼接。

1. 周期结果分析

对遥感卫星参数进行周期计算分析,共得到 4 类典型周期,如图 5-4 所示。

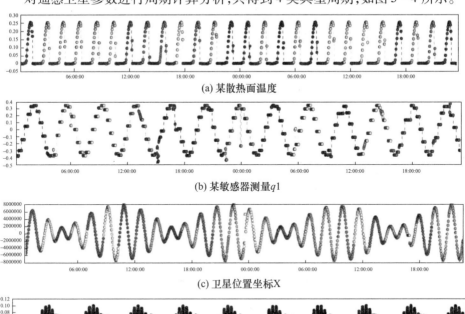

图 5-4 （见彩图）典型周期参数曲线

图 5-4(a)为参数"某板散热面温度",周期为 109min;(b)为参数"某敏感器测量 q1",周期为 218min;(c)为参数"地磁场",周期为 1440min;(d)为参数"卫星位置坐标 X",周期为 720min。

2. 聚类结果分析

将单个参数进行周期划分,提取特征再进行聚类分析。输出每个分段的特征,并标记属于某一聚类和该聚类的占比及图像。典型聚类结果如图 5-5 所示,可以将不同参数形态进行区分,聚类 1 和聚类 2 在参数形态上具有明显差异。

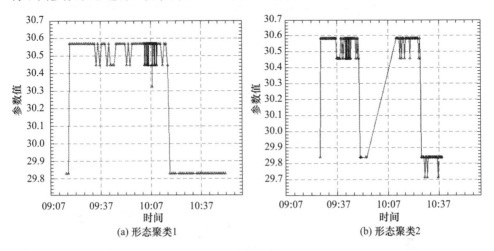

图 5-5　各聚类图示

3. 检测结果分析

典型检测结果如图 5-6 所示。图 5-6(a)为参数多周期曲线,绿色曲线为实际参数曲线,蓝色为标记模板曲线,红色为触发报警数据段曲线。图 5-6(b)为单周期放大检测结果,蓝色为标记模板曲线,红色为与标记模板差异较大的参数曲线。

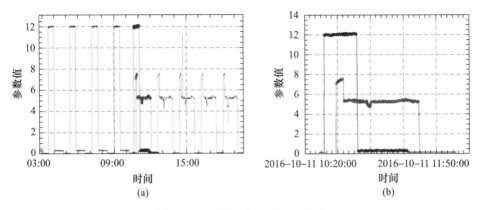

图 5-6　(见彩图)典型检测结果

5.3 监测结果聚类可视化

目前,在大量报警信息中分析定位故障关键器部件依靠系统分析人员手动完成,存在耗时较长,依赖经验的问题,无法满足卫星异常定位处置的时效性和准确性要求。基于卫星遥测参数分词的关键故障器部件定位方法,将异常的遥测参数进行分词处理,再将所有遥测参数分词结果进行聚类统计,获得报警信息中的频繁异常器件,完成了关键故障器部件的定位,提高了故障器部件定位的准确性和效率。

随着航天技术的不断发展,卫星的功能日趋复杂,新型器部件不断增多,同时需要设置相应的监测点,采集分析判断器部件状态,才能及时发现器部件异常,有效保障卫星在轨安全稳定运行和任务的顺利开展。卫星的遥测参数数量已达万级,器件间耦合度高,在姿态或能源发生异常时,常会产生几十甚至上百个相关遥测参数的报警信息。在大量异常报警信息中将有价值的数据进行区分和提取也变成棘手问题。可视化技术充分利用直观的表达能力,使人员能够更加方便和深入地对卫星信息进行观察与分析。

从大量报警信息中自动分析出频繁报警项和关键报警器件,实际上是针对报警遥测参数的自动分词问题。中文分词作为中文信息处理的基础环节,已得到人们的广泛关注。目前,常用的中文分词方法可以划分为基于规则的分词方法[6]和基于统计的分词方法[7]。这两类方法都不能完全适用于报警异常参数的分词问题,因为基于规则的分词方法需要建立字典,卫星器部件种类繁多且不同卫星间差异较大,依靠针对每个卫星人工建立字典工作量过于繁杂。基于统计的分词方法无法适应中英混编的应用场景,而在卫星器部件分词中,"功放A""星敏感器B"等都是不可切分的独立部分,如不能切分为"功放"和"A"。同时,如何直观高效地显示分词信息聚类结果也是需要解决的问题。

5.3.1 聚类可视化流程

卫星异常报警信息的可视化仍然采用文字列表排列的方式,这种基于表、二维矩阵的可视化技术并没有充分利用图形和图像的表达能力[7],也不能以容易解读的方式可视化地呈现卫星异常信息。

为克服现有技术不足,本章提出基于卫星遥测参数分词的异常信息聚类可视化方法,将每个异常遥测参数分词为器件名称、器件描述、检测类型和补充描述四个部分,再将所有异常遥测参数的器件名称和检测类型部分进行聚类统计,获得频繁项集,作为关键故障器件。该方法既有利于人员清晰明了地描述异常现象,又有利于实现关键故障器部件的分析定位。

主要技术步骤如下。

异常信息聚类可视化流程(图5-7)如下：

(1) 故障报警信息的收集和检测类型字典的定义。

① 故障报警信息的收集。单条报警信息为{paraName:msg}，其中 paraName 为故障遥测参数的参数名称，msg 为报警类型，取值为超上限或超下限。所有报警信息组成集合 detectionSet = { paraName$_1$:msg$_1$, paraName$_2$:msg$_2$, …, paraName$_n$:msg$_n$}，共 n 条报警信息。

② 检测类型字典的定义。在遥测参数名称中会标明该遥测参数的检测类型，如电压、电流或温度等，将需要关注的检测类型定义成字典序列 dict = [type$_1$, type$_2$, …, type$_m$]，共 m 种检测类型，并将其中的各项类型按照字符串长度降序排列。

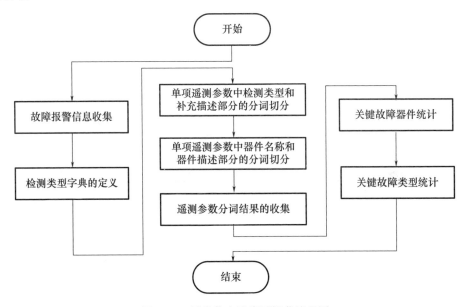

图5-7 异常信息聚类可视化流程图

(2) 遥测参数分词切分。利用报警遥测参数信息和检测类型字典对每项遥测参数进行分词切分。每项遥测参数按照"器件名称，[器件描述]，[检测类型]，[补充描述]"进行分词切分，后三部分都是可选项，即每个遥测参数一定包含器件名称，选择包含后三项。具体步骤如下：

① 单项遥测参数中检测类型和补充描述部分的分词切分。单个遥测参数名称的字符串为 paraName$_i$ = $[a_1, a_2, …, a_{pL}]$ ($1 \leq i \leq n$)，pL 为字符串长度。搜索 paraName$_i$ 中是否包含类型字典中的某一项，如果包含类型 type$_j$ ($1 \leq j \leq m$)，在 paraName$_i$ 中的开始位置为 s_{typej}，结束位置为 e_{typej}，则 typePart$_i$ = type$_j$，elementPart$_i$ = paraName$_i$[$1:s_{typej}$]，detailPart$_i$ = paraName$_i$[$e_{typej}:pL$]；如果不包含字典中的任何类

097

型,则 $typePart_i = ''$, $elementPart_i = paraName_i$, $detailPart_i = ''$。

② 单项遥测参数中器件名称和器件描述部分的分词切分。

a. 设置 $cutStartPos = 0$, $cutEndPos = cutStartPos + 1$;

b. $cutWord_1 = elementPart_i [cutStartPos : cutEndPos - 1]$, $cutWord_2 = elementPart_i [cutStartPos : cutEndPos]$;

c. $searchResult_1$ 为 detectionSet 中所有参数名称查找 $cutWord_1$ 开始位置形成的向量序列,如果某参数没有出现 $cutWord_1$,该值为 -1;

d. $searchResult_2$ 为 detectionSet 中所有参数名称查找 $cutWord_2$ 开始位置形成的向量序列,如果某参数没有出现 $cutWord_2$,该值为 -1;

e. 如果 $searchResult_1$ 与 $searchResult_2$ 完全相同,则更新 $cutEndPos = cutEndPos + 1$,返回 b。重复上述过程直至 $cutEndPos$ 大于 s_{type_j};

f. 如果 $searchResult_1$ 不等于 $searchResult_2$,获得分词结果 $elementNamePart_i = elementPart_i [cutStartPos : cutEndPos - 1]$, $elementDetailPart_i = elementPart_i [cutEndPos : s_{type_j}]$。

③ 遥测参数分词结果的收集。遥测参数 $paraName_i$ 的分词结果为 [$elementNamePart_i$, $elementDetailPart_i$, $typePart_i$, $detailPart_i$],对 detectionSet 中的所有遥测参数进行分词切分,得到结果序列 $partsResult = [[elementNamePart_1, \cdots, elementNamePart_n], [elementDetailPart_1, \cdots, elementDetailPart_n], [typePart_1, \cdots, typePart_n], [detailPart_1, \cdots, detailPart_n]]$。

(3)关键故障器件的统计分析。利用步骤(2)计算出的分词结果进行关键报警器件的统计分析,具体步骤如下:

① 关键故障器件统计。将 partsResult 中 [$elementNamePart_1, \cdots, elementNamePart_n$] 出现的所有项进行计数统计,并按照计数数量进行降序排列,得到集合 $partsSet = \{elementNamePart_1 : eCount_1, \cdots, elementNamePart_p : eCount_p\}$。

② 关键故障类型统计。将 partsResult 中 [$typePart_1, \cdots, typePart_n$] 出现的所有项进行计数统计,并按照计数数量进行降序排列,得到集合 $typesSet = \{typePart_1 : tCount_1, \cdots, typePart_q : tCount_q\}$。

5.3.2 运行示例分析

图 5-8 所示为异常信息分词聚类的统计结果,其共分为三个主要步骤。

(1)故障报警信息收集和检测类型字典的定义。图 5-8 第一步中列出了 8 项故障报警信息,在实际应用中报警数量远大于该数量,此示例为方法流程说明。第一步同时需要用户定义类型字典,在图 5-8 中定义了温度、电压、电流等典型的遥测参数类型。

(2)故障遥测参数的分词切分。通过类型字典首先完成遥测参数名称中检测类型和补充描述部分的分词,然后完成器件名称和器件描述部分的分词。8项报警遥测参数的分词结果如图5-8中第二步所示,各分词部分之间使用","分隔。

(3)关键故障器件的统计分析。分别对所有故障遥测参数中的器件名称和检测类型部分进行统计,得到关键故障器件集合和关键故障类型集合,如图5-8中第三步所示,8项报警信息的关键器件是"南蓄电池组"和"UHF功放",主要故障类型是"温度"。

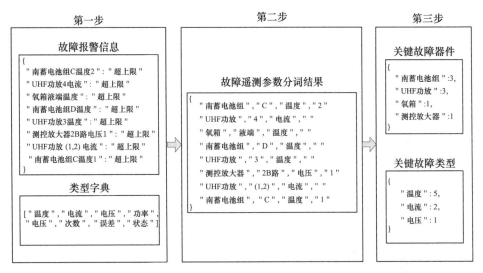

图5-8 异常信息分词聚类的统计结果

如图5-9所示为异常报警信息分词后的可视化示例,将多次出现的共同器部件名称进行聚类集中显示,更有效地突出频繁故障器部件,并提供异常参数各分词部分之间的对应关系,有利于分析人员更直观地分析异常报警信息。

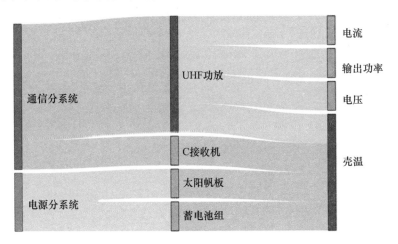

图5-9 异常报警信息分词后的可视化示例

5.4 本章小结

建立基于形态图谱的门限内异常检测系统,对训练数据进行聚类和特征提取,获得每个参数在训练周期内的形态特征,然后在应用场景下自动提取该参数待检测时间区间内的形态特征,并与典型形态模板库进行形态匹配,对卫星单个遥测参数阈值内的变化情况进行检测。该系统能较好地区分周期参数,自动计算获得参数周期,在各周期特征化后聚类进行形态的识别,并能有效检测出遥测参数在形态上的变化。但该系统对卫星各遥测参数集周期不等、周期嵌套等情况,不具备自动检测功能或检测存在一定的滞后性,这是下一步要努力解决的问题。

参考文献

[1] 曹奎,冯玉才,曹忠升. 基于颜色和形状特征的彩色图像表示与检索技术[J]. 计算机辅助设计与图形学学报,2001,13(10):906-912.

[2] 万里,廖建新,朱晓民. 一种时间序列频繁模式挖掘算法及其在 WSAN 行为预测中的应用[J]. 电子与信息学报,2010,32(3):682-686.

[3] 魏藜,宫学庆,钱卫宁,等. 高维空间中的离群点发现[J]. 软件学报,2002,13(2):280-290.

[4] 黄河,史忠植,郑征. 基于形状特征 k-d 树的多维时间序列相似搜索[J]. 软件学报,2006,17(10):2048-2056.

[5] 吴艳平,崔宇,胡士强. 基于运动图像序列的异常行为检测[J]. 计算机应用研究,2010(7):2741-2744.

[6] ADNANE A,AHMED FOITIH Z,MOHAMMED M A S,et al. Real-time sensor fault detection and isolation for LEO satellite attitude estimation through magnetometer data[J]. Advances in Space Research,2018(4):1143-1157.

[7] REW W W,HU L,ZHAO K,et al. An efficient parallel anomaly detection algorithm based onhierarchical clustering[J]. Journal of Networks. 2013,8(3):672-679.

第6章
基于深度学习的异常检测方法

随着深度学习在语音识别、图像识别以及语言处理方面的广泛应用,一些深度学习模型也逐渐被应用到时间序列数据研究中。深度学习模型不但能够挖掘出更深层次的潜在规律,而且相比于浅层机器学习有更好的自主性。因此,本章利用两种深度学习模型对卫星单参数进行异常检测。基于长短期记忆(long short term memory,LSTM)模型的动态卫星电源遥测参数异常检测方法,是利用 LSTM 模型不仅能够适应卫星遥测数据的非线性特性,而且处理时间序列数据时能够自动选取最优时间间隔和记忆长时间历史遥测数据。因此,采用 LSTM 对卫星的单参数进行研究试验,该方法的检测思路是通过 LSTM 模型对卫星参数历史数据进行学习,再采用第4章中建立动态阈值的检测方法进行检测单参数异常。单参数异常检测方法是基于生成式对抗网络(Generative Adversarial Network,GAN)的卫星异常检测方法,该方法通过对卫星参数数据进行学习训练,利用 GAN 训练的生成器和鉴别器对异常进行检测。

6.1 基于长短期记忆的异常状态检测模型

在众多的深度学习模型中,长短期记忆模型作为一种特殊的循环神经网络(recurrent neural network,RNN),不但有 RNN 能够动态记忆的优点(输出取决于当前输入和上一层的输出),而且在时序数据分析中有更强的适应性(能对非平稳参数进行特征提取),同时还能避免 RNN 的梯度消失问题以及长期记忆能力不足等问题。上述优势使 LSTM 模型在识别、预测和可靠性预测领域的时间序列数据研究中取得了不小的成果。然而,在卫星遥测数据异常状态的检测方面还未发现相关研究。

6.1.1 LSTM 模型基本原理

LSTM 模型通过增加新的"单元状态"来提升 RNN 效能,即 RNN 的隐藏层只

有一个状态 h,但它对短期的输入数据很灵敏,新增加的状态 c 负责保存长期状态,具体如图 6-1 所示。

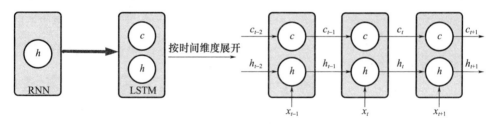

图 6-1　原始 RNN 和 LSTM 模型示意图

LSTM 模型运用三个控制开关,分别负责长期状态 c 的继续保存、输入和输出。具体是通过激活函数 σ(sigmoid 函数)控制三个控制门,即输入门(input gate)、遗忘门(forget gate)和输出门(output gate)。当控制门输出为 **0** 时,任何向量与之相乘都会成为 **0** 向量,信息无法进行传递;当控制门输出为 **1** 时,任何向量都不会改变,信息可以传递出去。图 6-2 所示为控制门对单元状态的控制示意图。图中,输入门控制当前输入层 x_t 到隐藏层单元状态 c_t 的信息传递,输出门控制单元状态 c_t 到输出层 h_t 传递信息,遗忘门对单元状态 c_{t-1} 保留信息。由于卫星电源参数数据属于时间序列数据,具有随时间变化的特点,并有一定的规律,结合 LSTM 模型能够记忆长时间时间序列方面的优点,可以利用 LSTM 模型提取卫星参数规律信息,对卫星参数数据进行预测。

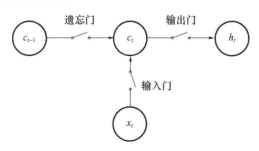

图 6-2　控制门对单元状态的控制示意图

LSTM 模型采用反向传播算法训练网络模型,共分为两步:一是计算网络模型各个神经元的输出;二是根据 LSTM 模型的输出结果与实际值的误差项反向计算相应的误差项,从而计算网络权重。由于 LSTM 模型的输入包括时间展开输入和网络每层的输入,因此误差项的传递方向也包括沿时间的反向传播和沿上一层的传播。

6.1.2　卫星异常检测设计思路

对卫星遥测数据进行异常检测主要分成四个模块(图 6-3):卫星电源分系统

数据预处理模块,该模块是对卫星原始数据进行预处理,构造模型样本;LSTM 模型训练模块,该模块主要利用 LSTM 模型对预处理后的遥测数据进行训练并得出训练数据的模型训练误差;LSTM 模型预测模块,该模块利用训练完成的 LSTM 模型对卫星电源遥测参数进行预测;LSTM 模型检测模块,该模块是利用预测参数与模型训练误差生成的动态检测阈值对实时卫星参数进行检测,参见 4.2 节相关内容。通过四个模块可以达到对卫星异常检测的目的。

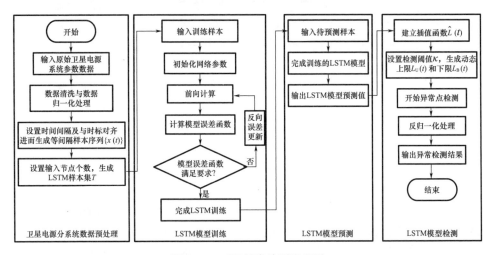

图 6-3 卫星异常检测流程图

1. 数据预处理

卫星原始数据中存在大量的异常值数据(非异常原因造成),这些数据会严重影响 LSTM 模型的执行效率,因此为了提高模型执行效率、减少模型预测误差、提高数据质量,需要对数据进行清洗与归一化处理。同时,由于遥测数据都是按照时间顺序排列[1],但其采样周期有细微差别,因此需对原始遥测参数设置时间间隔及与时标对齐,生成等间隔样本序列。另外,输入 LSTM 网络节点个数形成 LSTM 样本集。数据预处理流程如图 6-4 所示。

图 6-4 数据预处理流程

2. LSTM 模型训练及预测

需以历史卫星电源遥测数据对 LSTM 模型进行训练,最终以模型估计值与实际值的误差函数是否满足设定要求来决定何时完成训练。LSTM 模型如图 6-5 所示。

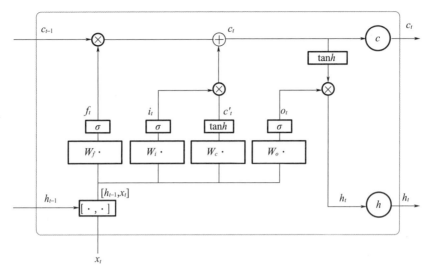

图 6-5 LSTM 模型

卫星电源参数的输入序列可以表示为 X。在模型的训练过程中,通过 LSTM 模型对 $[1,T]$ 时间段内的历史数据的学习,来预测 $T+a$ 时刻的参数值,其中 a 为时间常数。X 为 LSTM 的输入向量,即图 6-5 中的 x_t,$H=(H_1,H_2,\cdots,H_T)$ 为 LSTM 的输出向量,即图 6-5 中的 h_t。卫星参数的时间序列特征分别为

$$f_t = \sigma(W_f \cdot [h_{t-1}, x_t] + b_f) \quad (6-1)$$

$$i_t = \sigma(W_i \cdot [h_{t-1}, x_t] + b_i) \quad (6-2)$$

$$\tilde{c}_t = \tanh(W_c \cdot [h_{t-1}, x_t] + b_c) \quad (6-3)$$

$$c_t = f_t \circ c_{t-1} + i_t \circ \tilde{c}_t \quad (6-4)$$

$$o_t = \sigma(W_o \cdot [h_{t-1}, x_t] + b_o) \quad (6-5)$$

$$h_t = o_t \circ \tanh(c_t) \quad (6-6)$$

式中:W_f、W_i、W_c、W_o 以及 b_f、b_i、b_c、b_o 分别为遗忘门、输入门、当前单元状态和输出门的权重矩阵和偏置项;"$\circ$"为计算符号,当其作用于两个矩阵时,代表两个矩阵对应位置的元素相乘。

式(6-6)是 LSTM 的输出。因此 LSTM 的输入层神经元数为输入序列数,输出神经元数为输出序列数,在对卫星参数进行预测时,通过输入卫星的一个时间段的当前数据或历史数据,预测出卫星的一个或者多个未来时刻值。模型训练及预测过程如图 6-6 所示。

6.1.3 试验测试与分析

通过对卫星电源参数分析,选取某低轨卫星的蓄电池组不同测点电压参数 a

和 b 在某时间区间的遥测数据进行验证。具体步骤如下。

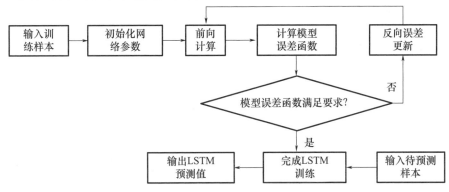

图 6-6 模型训练及预测过程

(1)利用数据清洗、归一化处理和时标对齐方法,对得到的 25633 组数据(数据格式为<时间,参数值>)建立样本序列 $\{x(t)\}$,样本序列长度为 8928,部分数据变化形态如图 6-7(a)、(b)中黑线所示。

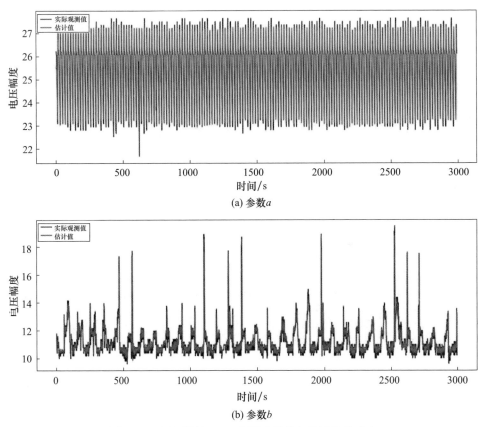

图 6-7 (见彩图)LSTM 实际观测值与估计值的对比

(2)设置输入向量长度为100,样本选取间隔为1,按照4.1节中的方法建立样本集 T,共得到8828组样本。

(3)按照6.1.2节,对 LSTM 模型进行训练。LSTM 的输入层设置为100个节点,输出层设置为10个节点;训练时反向传播算法的迭代次数设置为3000次,学习率为0.0001,隐含层神经元数设置为200。通过模型训练,生成的实际观测值与模型估计值的对比如图6-7所示。再输入样本计算得到每个输入向量的预测值,LSTM 模型预测值与实际观测值的对比如图6-8所示。

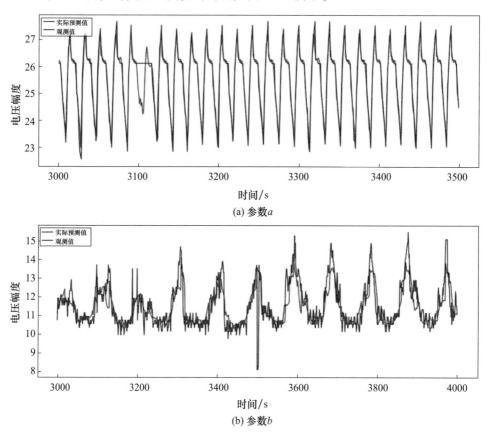

图6-8 (见彩图)LSTM 模型预测值与实际观测值的对比

(4)按照4.2.2节对预测值序列进行拉格朗日插值。计算预测结果的均方根误差,设置检测阈值 $\kappa=3$,生成动态上、下阈值。

(5)按照式(4-4)对原始遥测数据时间序列进行检测。部分时间区间的检测效果如图6-9所示。红色线和绿色线为生成的动态阈值上限和下限。可见,动态阈值能很好地反映预测值以及实际观测值的变化,同时动态阈值也很好地包络了参数动态趋势。参数 a 从3090点左右实际值变为恒定,显然不符合参数变化规律,这段区域的数值被标记为异常(橙色圈),如图6-9(a)所示,参数 b 从3500点左右实际值陡然下降,不符合参数变化规律,该区域的数值被标记为异常点(橙色圈),如图6-9(b)所示。

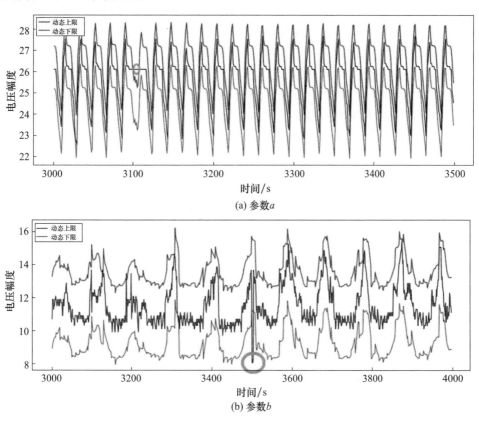

图6-9　(见彩图)部分时间区间的检测效果

6.2　基于生成式对抗网络的异常检测模型

生成式对抗网络(generative adversarial networks,GAN)框架在2014年由Goodfellow等受博弈论中的二人零和博弈启发而提出[2]。通过对抗训练构建生成式深度学习模型。目前,GAN已被证明在图像处理任务(如生成逼真的图像)方面非常成功,但迄今为止,在对时间序列数据采用GAN框架方面的工作还很有限,在相关文献中使用GAN生成时间序列的少之又少。然而,在这些早期的工作中,GAN框架已被证明在生成时间序列方面是有效的。文献[3]提出了一种基于连续序列数据的生成式对抗模型,使用循环神经网络作为生成器和识别器,并将其应用于古典音乐的集合生成复调音乐,文献[4]使用循环条件 GAN 的生成医学真实值的时间序列。GAN 训练的鉴别器以一种无监督的学习方式从真实数据中检测异常数据,使其成为一种有鉴别力的无监督机器学习技术,可用于异常检测[5]。研究人员[6-7]提出利用 GAN 从实时空间到某个潜在的空间的映射来促进生成器和鉴别器的训练,潜在的空间可以理解成 GAN 和无监督学习应用它的丰富特性表征任意的数据分布。文献[8-9]提出利用潜在空间重构测试样本识别异常的可能性,并成功地将基于 GAN 的检测策略用于发现图像异常。GAN 可同时对生成器和鉴别器进行反向训练以及在生成真实复杂数据和检测异常方面的成功,都很好地证明了 GAN 框架在异常检测中的可行性。

GAN 是由一个生成器 G(generator)模型和一个鉴别器 D(discriminator)模型组成的一组对抗性神经网络,其结构如图 6-10 所示。该方法与其他直接生成的模型不同的是模型的训练方式,其他直接生成的模型是利用真实数据和模拟数据的差异作为目标函数,而 GAN 采用对抗的方式进行训练,即先通过鉴别器学习差异,再促进生成器改进从而缩小差异。

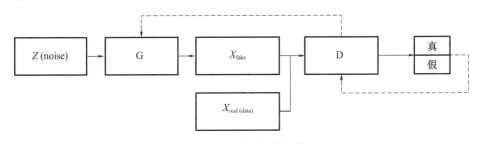

图 6-10 生成式对抗网络

6.2.1 基于最大似然估计的生成式对抗网络模型

生成器 G 的目的是生成逼近真实数据的概率分布的模拟数据,因此需将最大似然估计运用到生成器 G 上。对于真实的试验数据定义它的概率分布为 $P_{data}(x)$,x 为真实试验数据的某个数据。设生成器 G 模型的概率分布为 $P_{model}(x;\theta)$,θ 为分布函数的参数变量。在后续的计算过程中,通过改变 θ 使生成器 G 模型的概率分布 $P_{model}(x;\theta)$ 能够最大程度地逼近真实试验数据的概率分布 $P_{data}(x)$。

由于无法知道真实数据的 $P_{data}(x)$ 的概率分布,需从真实的试验数据中采集大量的样本数据,即从概率分布为 $P_{data}(x)$ 的试验数据中提取 $\{x^1,x^2,\cdots,x^m\}$ 作为训练集,通过提取出来的样本数据,可计算出生成器 G 模型的概率分布 $P_{model}(x^i;\theta)$。因此,通过提取出的训练集中所有样本计算出生成器 G 模型概率相乘:

$$L = \prod_{i=1}^{m} p_{model}(x^i;\theta) \qquad (6-7)$$

为了使生成器 G 通过训练集得出的概率分布能够最大限度逼近真实试验数据的概率分布,需要生成器 G 模型在给定训练集上具有最大的概率,因此最大似然估计的目标就是通过式(6-7)找出一个 θ^* 使 L 最大化。

为了计算简单,将相乘变为相加,将所有 $p_{\text{model}}(x^i;\theta)$ 取对数进行计算:

$$
\begin{aligned}
\theta^* &= \underset{\theta}{\arg\max} \prod_{i=1}^{m} p_{\text{model}}(x^i;\theta) \\
&= \underset{\theta}{\arg\max} \log \prod_{i=1}^{m} p_{\text{model}}(x^i;\theta) \\
&= \underset{\theta}{\arg\max} \sum_{i=1}^{m} \log p_{\text{model}}(x^i;\theta)
\end{aligned}
\quad (6-8)
$$

由式(6-8)可以近似将求和转化为求 $\log p_{\text{model}}(x^i;\theta)$ 的期望,因此可以得出积分的形式:

$$
\begin{aligned}
\theta^* &= \underset{\theta}{\arg\max} E_{x \sim P_{\text{data}}} \log p_{\text{model}}(x^i;\theta) \\
\theta^* &= \underset{\theta}{\arg\max} \int p_{\text{data}}(x) \log p_{\text{model}}(x^i;\theta) \mathrm{d}x
\end{aligned}
\quad (6-9)
$$

式(6-8)的推导过程可以理解为训练数据是满足高斯分布的数据,而训练完成后的生成器 G 模型的概率分布尽可能多地满足训练提取的训练样本。

为了便于找到 θ^*,在不影响求解的情况下在式(6-9)中减掉一个与 θ 无关的常数项,因此转变为找到一个 θ^* 使以下结果最小:

$$
\begin{aligned}
\theta^* &= \underset{\theta}{\arg\max} \left(\int p_{\text{data}}(x) \log p_{\text{model}}(x^i;\theta) \mathrm{d}x - \int p_{\text{data}}(x) \log p_{\text{data}}(x) \mathrm{d}x \right) \\
&= \underset{\theta}{\arg\max} \int p_{\text{data}}(x) (\log p_{\text{model}}(x;\theta) \mathrm{d}x - \log p_{\text{data}}(x)) \mathrm{d}x \\
&= \underset{\theta}{\arg\max} \int p_{\text{data}}(x) \log \frac{p_{\text{model}}(x^i;\theta)}{p_{\text{data}}(x)} \mathrm{d}x \\
&= \underset{\theta}{\arg\max} \int p_{\text{data}}(x) \log \frac{p_{\text{model}}(x)}{p_{\text{data}}(x;\theta)} \mathrm{d}x
\end{aligned}
\quad (6-10)
$$

两个概率分布间的差异程度可以用 K-L(Kullback-Leibler)散度来计算,K-L 散度也称相对熵。K-L 散度高,说明两个概率分布差异程度大;K-L 散度低,说明两个概率分布的差异程度小;两个概率分布相同,K-L 散度为 0。P 和 Q 为两个概率分布(一般用 P 表示真实数据分布,Q 表示数据模型分布或近似分布)。假设为连续随机变量的条件下,$p(x)$ 和 $q(x)$ 分别为 P 和 Q 的概率密度函数,K-L 散度为

$$
\text{K-L}(P \parallel Q) = \int p(x) \log \frac{p(x)}{q(x)} \mathrm{d}x
\quad (6-11)
$$

由式(6-11)可以看出,当且仅当 $P = Q$ 时,$\text{K-L}(P \parallel Q) = 0$。K-L 散度具有非负性,即 $\text{K-L}(P \parallel Q) \geq 0$。K-L 散度具有不对称性,也就是说 P 相对于 Q

的 K-L 散度并不等于 Q 相对于 P 的 K-L 散度,即 $\mathrm{KL}(P \parallel Q) \neq \mathrm{KL}(Q \parallel P)$。

式(6-10)可推导成 K-L 散度形式:

$$\theta^* = \underset{\theta}{\arg\min} \mathrm{KL}(p_{\mathrm{data}}(x) \parallel p_{\mathrm{model}}(x;\theta)) \tag{6-12}$$

为了使生成器 G 模型尽可能逼近真实试验数据分布,需要最小化真实试验数据分布与生成器 G 模型分布的 K-L 散度。

6.2.2 生成式对抗网络的训练策略

生成器 G 会将一个数据从输入空间映射到生成空间,输入为随机噪声 z,其分布服从 p_z,参数为 θ,输出为 $G(z)$,生成器 G 的生成函数 G 可以看作一个神经网络的形式。设生成器 G 的代价函数为 $J^{(G)}$,鉴别器 D 的代价函数为 $J^{(D)}$。鉴别器 D 的代价函数如下:

$$J^{(D)}(\theta^{(D)},\theta^{(G)}) = -\frac{1}{2}E_{x \sim P_{\mathrm{data}}}\log D(x) - \frac{1}{2}E_{x \sim P_z}\log(1-D(G(z))) \tag{6-13}$$

生成器 G 和鉴别器 D 是密不可分的,生成对抗网络的根本就是零和博弈,也就是生成器 G 和鉴别器 D 的代价综合为零,即要满足:

$$J^{(G)} = -J^{(D)} \tag{6-14}$$

将 $J^{(G)}$ 和 $J^{(D)}$ 用一个价值函数将它们联系起来:

$$V(\theta^{(D)},\theta^{(G)}) = E_{x \sim P_{\mathrm{data}}}\log D(x) + E_{x \sim P_z}\log(1-D(G(z))) \tag{6-15}$$

则

$$J^{(D)} = -\frac{1}{2}V(\theta^{(D)},\theta^{(G)}) \tag{6-16}$$

$$J^{(G)} = \frac{1}{2}V(\theta^{(D)},\theta^{(G)}) \tag{6-17}$$

现在的目标是找到合适的 $V(\theta^{(D)},\theta^{(G)})$ 使 $J^{(G)}$ 和 $J^{(D)}$ 都达到尽可能小,从式(6-16)中可以看出对于鉴别器 D 而言,$V(\theta^{(D)},\theta^{(G)})$ 越大,$J^{(D)}$ 越小,而对于生成器 G 来说则是 $V(\theta^{(D)},\theta^{(G)})$ 越小,$J^{(G)}$ 越小,因此形成了生成器 G 和鉴别器 D 之间的博弈关系。在博弈论中的博弈双方在决策的过程中,会形成一种局面,即达到一个纳什平衡点(Nash equilibrium),在这种博弈平衡下,博弈中的任何一方都无法利用任何手段而增加对自己有利的方面。因此,在生成式对抗网络中最终就是寻找纳什平衡点,即找到一组生成器 G 和鉴别器 D,使其代价函数尽可能最小。从式(6-15)可以推出,需找到价值函数 $V(\theta^{(D)},\theta^{(G)})$ 对生成器 G 来说最小,对鉴别器 D 来说最大。因此,将问题转化为寻找极大值极小值得问题,也就是生成式对抗网络的模型优化过程,即

$$\arg\min_G \max_D V(D,G) \tag{6-18}$$

在式(6-18)的基础上可以求出理想情况下的生成器 G^* 和鉴别器 D^*。下面

先求鉴别器 D^*，这里假设生成器 G 为固定，$G(z) = x$。

$$\begin{aligned}
V &= E_{x \sim P_{\text{data}}} \lg D(x) + E_{x \sim P_z} \lg(1 - D(G(z))) \\
&= E_{x \sim P_{\text{data}}} \lg D(x) + E_{x \sim P_g} \lg(1 - D(x)) \\
&= \int p_{\text{data}}(x) \lg D(x) \mathrm{d}x + \int p_g(x) \lg(1 - D(x)) \mathrm{d}x \\
&= \int (p_{\text{data}}(x) \lg D(x) + p_g(x) \lg(1 - D(x))) \mathrm{d}x
\end{aligned} \quad (6-19)$$

由于 p_{data} 和 p_g 固定，为使 V 最大，即无论 x 取任何值时都能使式(6-19)中的积分项 $f(x) = p_{\text{data}}(x) \lg D(x) + p_g(x) \lg(1 - D(x))$ 取最大，因此固定 x，使 $f(x)$ 对 $D(x)$ 求导数为 0，从而求得理想情况下的鉴别器 D^*，即

$$\frac{\mathrm{d}f(x)}{\mathrm{d}D(x)} = \frac{p_{\text{data}}(x)}{D(x)} = \frac{p_g(x)}{1 - D(x)} = 0 \quad (6-20)$$

$$D^*(x) = \frac{p_{\text{data}}(x)}{p_{\text{data}}(x) + p_g(x)} \quad (6-21)$$

由式(6-21)可知，$0 \leqslant D^*(x) \leqslant 1$。这就是鉴别器的工作模式，理想的鉴别器，当输入数据为真实数据时，输出应为 1；当输入数据为生成器 G 生成的数据时，输出应为 0；当生成数据分布逼近真实数据分布的时候，输出应为 1/2。

确定了理想情况的鉴别器 D^* 以后，再确定理想情况的生成器 G^*。将式(6-21)代入式(6-19)，可得

$$\begin{aligned}
\max_D V(G, D) &= V(G, D^*) \\
&= \int p_{\text{data}}(x) \lg D^*(x) \mathrm{d}x + \int p_g(x) \lg(1 - D^*(x)) \mathrm{d}x \\
&= \int p_{\text{data}}(x) \lg \frac{p_{\text{data}}(x)}{p_{\text{data}}(x) + p_g(x)} \mathrm{d}x + \int p_g(x) \lg \frac{p_g(x)}{p_{\text{data}}(x) + p_g(x)} \mathrm{d}x
\end{aligned}$$

$$(6-22)$$

两个概率分布间的差异程度除了可用 K-L 散度表示，还可用 J-S（Jensen-Shannon）散度来表示，J-S 散度也有非负性，同时 J-S 散度具有对称性。假设分布 $M = 1/2(P + Q)$，J-S 散度的公式为

$$\text{JSD}(P \| Q) = \frac{1}{2} \text{K-L}(P \| M) + \frac{1}{2} \text{K-L}(Q \| M) \quad (6-23)$$

将(6-11)代入式(6-23)，可得

$$\text{JSD}(P \| Q) = \int p(x) \lg \frac{p(x)}{\frac{p(x) + q(x)}{2}} \mathrm{d}x + \int q(x) \lg \frac{q(x)}{\frac{p(x) + q(x)}{2}} \mathrm{d}x \quad (6-24)$$

式(6-22)可以推导成 K-L 散度的形式：

$$\max_D V(G,D) = -\lg 4 + \mathrm{KL}\left(p_{\mathrm{data}} \parallel \frac{p_{\mathrm{data}} + p_g}{2}\right) + \mathrm{K} - \mathrm{L}\left(p_g \parallel \frac{p_{\mathrm{data}} + p_g}{2}\right) \quad (6-25)$$

$$= -\lg(4) + 2 \times \mathrm{JSD}(p_{\mathrm{data}} \parallel p_g)$$

从式(6-24)可以看出,理想情况下的生成器 G^* 就是当 $p_{\mathrm{data}} = p_g$ 时,式(6-25)可以取得全局最小值 $-\lg 4$,即生成器 G 的分布与真实数据的分布相同,$p_g = p_{\mathrm{data}}$。

从 6.2.2 节的推导过程也可以看出 GAN 的训练过程:生成器和鉴别器的训练过程是交替进行的,首先固定生成器的参数不变,对鉴别器进行训练,而然后固定鉴别器的参数训练生成器,通常鉴别器的学习能力要强于生成器,因此为了保持两者平衡,训练生成器 k 次,再训练鉴别器 1 次。通过试验发现,二者的学习能力并不固定,会随着时间变化而改变。因此,本书在后续的试验中通过观测损失函数值的变化来对 GAN 进行一种动态的训练,使生成器和鉴别器保持平衡。

6.2.3 基于 GAN 的卫星电源单参数异常检测设计思路

本章以 GAN 为基础将卫星异常检测问题转化为卫星参数生成和判断生成参数的真假问题,提出的基于 GAN 的卫星电源单参数异常检测生成式对抗网络主要包括以下三部分。

1. 卫星参数时间序列生成模型

在众多的深度学习模型中,LSTM 模型作分类识别、预测和故障诊断领域的时间序列数据研究中取得了不小的成果。在 GAN 的生成器采用 LSTM 模型生成预测的卫星参数数据,其结构如图 6-11 所示。卫星参数预测可以看作根据参数当前的数值生成下一个时间点参数值的任务,对于真实的参数序列 $X = (X_1, X_2, \cdots, X_T)$,参数预测模型即生成器 G 通过给定一串随机序列可以生成与真实参数序列相同长度的参数序列 $H = (H_1, H_2, \cdots, H_T)$。在实际的训练生成器 G 的过程中,将 T 最初设定为序列最大长度的 1/2,并随着训练逐步缩小。生成器 G 的目标是生成足够真实的数据,使鉴别器无法判断输入序列是生成器产出的参数序列还是真实参数序列。详见图 6-5。

2. 参数序列鉴别器模型

卫星电源参数序列较为复杂,为了更好地提取电源参数特征,区分真实电源参数序列以及由生成器 G 生成的参数序列,采用深度卷积神经网络作为鉴别器来判断给定的电源参数数据是否为异常数据。文献[10]在原始的 GAN 结构上提出了新的架构,即深度卷积生成对抗网络(deep convolutional generative adversarial Network,DCGAN)。该模型将原始卷积网络中的池化层全部去除并由卷积层替代,这样做更能使鉴别器加快模型的收敛速度,且能更好地进行分类。因此,将根据 DCGAN 的设计构建鉴别器,使用卷积层代替池化层,激活函数采用 ReLU。

利用生成器 G 产生的电源参数数据和历史电源参数数据训练鉴别器 D。在训练过程中将生成器 G 生成的数据 X_{fake} 标记为负标签,将真实参数序列 X_{real} 标记为正标签,如果为生成数据,使 $P(X_{\text{fake}})$ 的概率越小越好(接近 0);否则,$P(X_{\text{real}})$ 越大越好(接近 1)。鉴别器 D 可以鉴别遥测参数序列是否来源于真实遥测参数数据 X_{real}。对于 G 生成器生成的预测遥测参数数据 X_{fake},经过训练后,在监测阶段对给定参数数据进行鉴别判断 X_{fake} 是否属于真实数据。当待检测数据经鉴别器判断 $P \geq 0.5$ 时,判断待检测数据属于正常数据;当 $P < 0.5$ 时,判断待检测数据属于异常数据。

3. 策略梯度训练

(1)对鉴别器进行训练:对于生成的参数序列,通过鉴别器 D 给定一个负标签,并求出损失函数;对于真实参数序列,通过鉴别器 D 给定一个正标签,并求出损失函数。鉴别器训练完成后固定参数。

(2)训练生成器 G:将随机序列输入生成器,通过训练后的鉴别器的参数序列求出其损失函数。

(3)交替训练鉴别器和生成器:训练时先设置生成器和鉴别器的学习能力相同,随着训练时间和参数特征不同再对生成器和鉴别器的训练次数做出更改,直至模型取得最好的预测效果。当输入真实参数数据时,训练完成的 GAN 的鉴别器 D 即可检测出该参数是否为正常数据。

GAN 训练过程伪代码实现见表 6-1。

表 6-1　GAN 训练过程伪代码实现(鉴别器迭代 k 次,k 为超参数)

for 训练的迭代次数 **do**
for 重复 k 次 **do**
从生成器随机噪声分布 $p_g(z)$ 中取出 m 个小批次样本 $z^{(1)}, z^{(2)}, \cdots, z^{(m)}$;
从真实数据分布 $p_{\text{data}}(x)$ 中取出 m 个小批次样本 $x^{(1)}, x^{(2)}, \cdots, x^{(m)}$;
用随机梯度下降更新鉴别器参数;

$$\nabla_{\theta,d} \frac{1}{m} \sum_{i=1}^{m} [\log D(x^{(i)}) + \log(1 - D(G(z^{(i)})))]$$

end for
从生成器随机噪声分布 $p_g(z)$ 中取出 m 个小批次样本 $z^{(1)}, z^{(2)}, \cdots, z^{(m)}$;
用随机梯度下降更新生成器参数;

$$\cdot \ \nabla_{\theta} \frac{1}{m} \sum_{i=1}^{m} \log(1 - D(G(z^{(i)})))$$

end for

6.2.4　试验测试与分析

根据卫星参数的特点,考虑模型的训练时间和识别精度,本试验设定 GAN 模型中生成器 G 和鉴别器 D 的每个 LSTM 结构只有一个单元状态,网络隐含层神经元数设为200,采用迭代的方式进行多步循环预测。记卫星电源遥测参数时间序列点为$(t,s(t))$,t表示时刻($t\in[t_s,t_e]$),$s(t)$表示对应时刻的参数值。

1. 数据清洗与数据归一化处理

为了增强 GAN 网络的泛化能力,提高网络的训练速度,需要对原始数据进行清洗和归一化处理。对数据的清洗采用拉依达准则,卫星参数数据为 $x_1,x_2,\cdots,x_k,\cdots,x_n$,计算 x_k 的所有数据的数学期望 μ_k 标准差 σ_k,然后剔除大于 $\mu_k+3\sigma_k$ 和小于 $\mu_k-3\sigma_k$ 的数据。对于剔除的数据需要进行补全。对于剔除数据 x_k,缺失位采用均值填补法,用 $x'_k=(x_{k-1}+x_{k+1})\sigma_k/2$ 进行替换。经过数据清洗后的数据通过最小 – 最大归一化,利用转换公式 $x^*=(x_i-x_{\min})/(x_{\max}-x_{\min})$($x_i$ 为原始数据;$x_{\max}$ 为样本的最大值;$x_{\min}$ 为样本的最小值;x^* 为归一化处理后的值)完成。

2. 时标对齐与等间隔样本序列生成

给定样本序列起始时间 t_s,首先按一定时间间隔 t_d 建立等间隔样本序列 $\{(t,x(t))|t=t_s+p\cdot t_d,p=0,1,2,\cdots,P-1\}$,$x(t)$ 表示对应时刻的样本值,初始化时不赋值,P 为样本序列长度,$P=\text{floor}\left(\dfrac{t_e-t_s}{t_d}\right)$,floor($\cdot$) 函数表示向下取整。

按照样本序列 $x(t)$ 的时标,在原始序列 $s(t)$ 记录中逐步找到与样本时标最接近的时刻,提取该时刻的数据值作为样本值,可得赋值后的样本序列 $\{x(t_s+p\cdot t_d)|p=0,1,2,\cdots,P-1\}$。

3. 建模样本准备

本书设置生成器 G 和鉴别器 D 的输入向量长度即元素个数为 L_{in}、鉴别器 D 输出节点个数为 1,$L_{\text{in}}<P$。截取长度为 L_{in},取 $[x(t_s),x(t_s+t_d),\cdots,x(t_s+(L_{\text{in}}-1)\cdot t_d)]^T$ 为鉴别器 D 第一个输入向量,记为 X_1,$x(t_s+L_{\text{in}}\cdot t_d)$ 为第一个输出值,记为 Y_1。样本选取间隔为1,可得第 m 个输入向量 $X_m=[x(t_s+(m-1)\cdot t_d),\cdots,x(t_s+(m+L_{\text{in}}-2)\cdot t_d)]^T$,第 m 个输出值 $Y_m=x(t_s+(m+L_{\text{in}}-1)\cdot t_d)$,$m\in\{1,2,\cdots,P-L_{\text{in}}\}$,记样本总数为 N,则 $N=P-L_{\text{in}}$。

建立训练样本集 $T=\{(X_1,Y_1),(X_2,Y_2),\cdots,(X_N,Y_N)\}$,为 GAN 做好数据准备。

4. GAN 模型整体架构

对 GAN 模型的生成器 G 和鉴别器进行交替训练,当训练模型的鉴别器 D 输出概率 P_{out} 达到 0.5 时设定该模型训练完成。设定检测阈值 $P_{\text{out}}=0.5$。图 6 – 11 描述了基于 GAN 的卫星电源异常检测整体架构。

通过对卫星电源参数进行分析,选取某型卫星的电压参数 a 在某时间区间的遥测数据进行验证。具体步骤如下:

(1) 原始数据如图 6 – 12 所示,根据本小节中 1 和 2 步骤对原始数据进行数据清洗和时标对齐方法,对得到的 16100 组数据(数据格式为<时间,参数值>)建立样本序列 $\{x(t)\}$,样本序列长度为 4356,数据变化形态如图 6 – 13 所示。

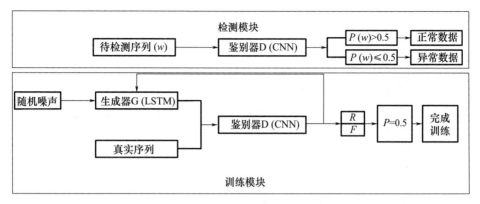

图 6-11 基于 GAN 的卫星电源参数异常检测整体架构

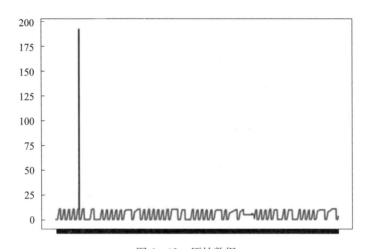

图 6-12 原始数据

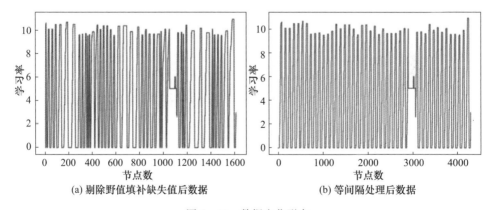

(a) 剔除野值填补缺失值后数据　　(b) 等间隔处理后数据

图 6-13 数据变化形态

(2)设置输入向量长度为100,样本选取间隔为1,按照本书4.1节中方法建立样本集 T。

(3)对 GAN 模型进行训练。设置生成器 G 的输入设置为 100 个节点,输出层设置为 10 个节点;鉴别器 D 的卷积层设置为 3 层,训练时反向传播算法的迭代次数设置为 10000 次,学习率为 0.0001,隐含层神经元数设置为 200。将原始数据的前 4/5 作为训练集对 GAN 模型进行训练,如图 6-15 所示。后 1/5 作为 GAN 模型的测试序列进行判断,如图 6-16 所示。

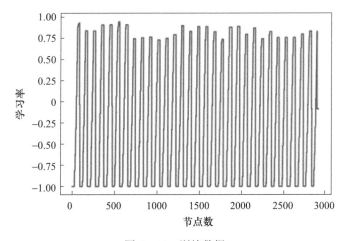

图 6-14 训练数据

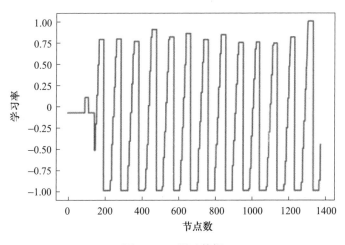

图 6-15 测试数据

(4)对测试样本进行检测,GAN 检测模块的判断如图 6-17 所示。该段序列数据为真实数据的概率为 0.388(<0.5),因此判断该数据为异常数据。从原始数据图中可看出,从 2910 点左右,实际值变为恒定,显然不符合参数变化规律,这段

区域的数值被标记为了异常(黑色圈圈)。针对3800~4000段数据为正常数据,如图6-17中该段序列数据为真实数据的概率为0.86(>0.5),因此判断该段序列数据为正常数据。

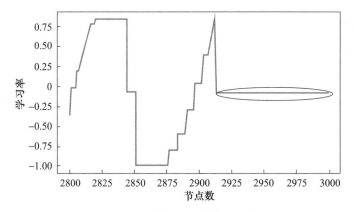

图6-16　GAN模型检测异常数据效果图

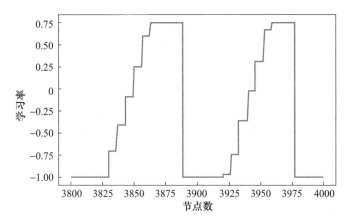

图6-17　GAN模型检测正常数据效果图

6.3　本章小结

本章提出了一种基于GAN模型的卫星异常检测方法,验证了GAN模型可以对卫星参数进行异常检测,通过试验可以看出:与单独利用LSTM模型对卫星电源参数进行检测效果相比,GAN模型的检测速度更直观且预测及检测性能整体更优,但是训练过程的耗时也更多。另外,GAN模型在训练过程中的模型预测精度和损失函数对学习率的取值较为敏感,过高或者过低的学习率相应会导致过拟合或者欠拟合的问题,影响模型检测性能。本章利用 GAN 模型对单遥测参数进行检测,下一步,可以对多参数进行检测从而满足对卫星系统级别的异常检测需求。

参考文献

[1] 张栋,胡绍林,于宁莉,等. 卫星下行数据异常检测算法研究[J]. 飞行器测控学报,2013,32(2):123-126.

[2] GOODFELLOW I J,POUGET-ABADIE J,MIRZA M,et al. Generative adversarial nets[J]. Advances in Neural Information Processing Systems,2014,3:2672-2680.

[3] MOGREN O. C-RNN-GAN:Continuous recurrent neural networks with adversarial training[J]. arXiv:1611.09904,2016.

[4] ESTEBAN C,HYLAND S L,RATSCH G. Real-valued (Medical) Time Series Generation with Recurrent Conditional GANs[J]. arXiv:1706.02633v2,2017.

[5] XUE Y,XU T,ZHANG H,et al. SegAN:Adversarial network with multi-scale l1 loss for medical image segmentation[J]. arXiv:1706.01805,2017.

[6] RAYMOND A,CHEN C,LIM T Y,et al. Semantic image inpainting with perceptual and contextual losses[J]. arXiv:1607.07539,2016.

[7] S. TIM,I. GOODFELLOW,W. ZAREMBA,et al. Improved techniques for training gans[J]. In Advances in Neural Information Processing Systems,2016,4:2234-2242.

[8] SCHLEGL T,SEEBOCK P,WALDSTEIN S M,et al. Unsupervised anomaly detection with generative adversarial networks to guide marker discovery[J]. Medical Image Analysis,2019,54:30-41.

[9] HOUSSAM Z,FOO C S,LECOUAT B,et al. Efficient gan-based anomaly detection[J]. arXiv:1802.06222,2018.

[10] 任盼飞,宋晓茹,陈超波,等. 基于改进 DCGAN 的水下图像生成方法研究[J]. 自动化与仪表,2021,36(2):44-49.

第7章
基于边缘算子的异常检测方法

作为在轨卫星状态监控和运行管理的首选对象,卫星遥测数据通常是指卫星器内部配置的各种测量装置(如各种传感器、敏感器等)采样方式获取的各测量点工作状态,是发现卫星异常和故障的第一手资料,具有体量巨大、类型多样、扰动大、采样不规则以及高维超长时序等典型特点。如美国的"发现"号航天飞机,遥测数据达数十万条,即使是功能相对简单的航天器,遥测数据也有数千条。卫星电源分系统由多个元器件组成,其实时或延时下传的电压、电流、温度等参数表征了电源分系统的工作状态。当任意部件或元器件发生异常或故障时,都有可能导致一个或多个遥测数据序列呈现异常变化,如果能按遥测数据在所关注时段内的变化正常与否,进行一维或多维遥测数据序列分析检测,那么其对卫星电源分系统的异常检测和诊断故障也很重要。本章重点研究基于卫星遥测数据的异常检测方法,给出了一种基于时态边缘算子的卫星遥测数据异常检测方法。

7.1 基于密度的局部异常因子检测方法

7.1.1 异常检测方法

异常的定义存在很多种,也有不同的称呼,如孤立点、奇异值、偏差点[1]。目前,大部分比较认可的定义是 Hawkins 在 1980 年给出异常的本质定义:异常是在数据集中与众不同的数据,使人怀疑这些数据并非随机的,而是来源于不同的机制。尽管异常的定义不尽相同,但是异常总是明显的或相对的,与数据本身的体量有关。异常出现的原因有很多,总的来讲可以大体分为三类:一是数据固有变化引起的,样本总体中监测数据自然发生了变化,这是不可控的,变化也反映了数据集的部分分布特征;二是数据采集测量错误引起的,由于采集设备的缺陷导致部分监测值成为异常值;三是执行运营错误引起的,这类数据是由外力、黑客入侵、系统机械故障造成的。

近年来,异常检测作为数据挖掘的一个分支,受到越来越多的关注和研究,主要包括基于统计的异常检测方法、基于数据挖掘的异常检测方法和基于人工智能的异常检测方法。

1. 基于统计的异常检测方法

目前,基于统计的异常检测方法[2]是一类较为成熟的检测技术,它从历史监测数据中提取归纳主体正常的行为信息,形成一个行为特征信息库,然后把待检测主体的行为与正常的信息库比较,如果出现较大偏差结果则判断其为异常。基于统计的检测方法假设给定的数据集服从一个分布或概率模型,然后通过不一致性测试检测待测数据是否服从相应模型。概率密度分布函数的确定一般可以根据经验知识获得或者通过对已知数据集进行估算寻找最合适的概率分布。经验知识需要主观的假设并且已知该数据服从某种分布,这种方法不需要太多的数据。通过对已知数据集进行估算概率分布适合非常规分布或者没有先验知识的情况,但是这两者都需要大量数据进行规则学习。常用的异常检测统计有马尔可夫模型、多元模型、事件序列分析、平均值和方差模型等。

基于统计的异常检测方法的优点是可以利用成熟的统计理论模型,计算简单方便,使用它能够对用户的行为习惯进行"拟合学习",具有较高的可用性和检测准确率。统计方法相关算法有很多,有很多成功的应用经验。其缺点是统计模型的确定需要进行多次试验论证以及获取先验经验信息,如数据分布情况、统计模型参数及判断异常的区间范围等。通常来说,数据分布是未知的,或者不能被任何常规分布描述,因此可能无法准确发现异常。基于统计的异常检测假定数据的概率模型在检测过程中不变,因此不能支持模型的更新。另外,基于统计的方法对于事件的内在联系和时间顺序缺乏敏感度,对于高维度的数据应用较为困难。

2. 基于数据挖掘的异常检测方法

基于数据挖掘的异常检测方法是应用特定的数据分析手段:首先从海量的数据中提取感兴趣的信息;然后抽象出有利于进行判断比较的特征向量模型或行为描述模型;最后根据这些模型,采用相应的算法,判断出当前行为信息是否异常。数据挖掘常用的分析方法有:关联规则[3],关联规则分析挖掘数据集中每条记录各数据项之间的联系;序列挖掘,序列挖掘分析用于挖掘记录之间的序列关系;数据分类分析及聚类分析,分类分析则是将一个数据集合映射成预定义的类别或者已经存在的类别,聚类分析能够识别密集区域和稀疏区域,发现整体分析模式和数据属性之间的关联性和独立性。基于数据挖掘的异常检测算法根据分类技术可以划分为以下几种。

1)基于深度的异常检测方法

基于深度的异常检测方法把数据投影到一个 n 维空间,并且每个点被赋予一个特别定义的"深度"。深度的取值决定于数据被划分的不同层次数目。异常存在于较"浅"层次的可能性大,而存在于较"深"层次的可能性小,理论上,基于深度的异常检测方法能够应用于高维数据。

2)基于距离的异常检测方法

基于距离的异常检测方法以距离来衡量异常,异常点就是指距离在一定范围内没有足够多样本邻居的点。通过从全局角度出发计算数据点之间的距离来检测数据点,如果某样本数据点与其他数据点的距离大于给定距离 d_x 的个数比例比某个阈值大,则该数据点可能存在异常。S. Ramaswamy 等把基于距离的异常检测的概念推广到第 k 个最近邻的距离,根据第 k 个最近邻距离对样本进行排序,排在最前面的 n 个样本认为是异常的。基于距离的异常检测方法优点在于它不需要事先了解数据集本身的特性,算法本身是与数据属性类别无关的;难点在于对参数 k 和距离 d_x 的选取和估计。不同的 k 和 d_x 参数的确定会对结果带来很大的影响。

3)基于密度的异常检测方法

基于距离的异常检测方法没有考虑到数据本身的局部稀疏程度,而是更多地偏向于全局考虑异常点,因此有人提出了基于密度的异常检测方法,该方法把数据的局部数据量和近邻距离考虑进来,通过局部异常点因子 LOF 的计算来确定异常点,异常因子的大小决定数据点的异常程度,值越大则异常的可能性越大。基于密度的异常检测方法能够检测到基于距离异常检测方法不能检测的部分局部异常,更加贴合 Hawkins 对于异常的定义以及数据特性。

4)基于聚类的异常检测方法

基于聚类的异常检测方法是通过将孤立点发现的过程转换成聚类的过程实现的。聚类方法先将数据集利用成熟模型进行聚类分析,将数据集按照聚类规则形成簇,而那些不在簇中的数据点或者生成的某个簇的规模与其他簇的规模相差巨大的簇中的数据可能被视为异常点进行再处理。基于聚类的方法对数据的正常值和异常值的比例有一定要求,一般要求正常数据远远多于异常数据、正常数据与异常数据的相似度很小。

基于数据挖掘的异常检测方法的缺点是:异常检测时,需要进行大量的数据集学习,数据的收集、存储需要大量的时间,在对检测模型进行训练的过程中会产生很高的计算成本。基于数据挖掘的异常检测方法的优点是:基于数据挖掘的异常检测去除了进行特征选择时人为猜测的不确定,只需关心收集的数据集的数量与质量问题,从而大量减少系统的细化需求。基于数据挖掘的异常检测作为一种数据分析的过程,能够在处理过程中搭建一套自适应的检测规则和运行体系,且该体系具有良好的扩展性。

3. 基于人工智能的异常检测方法

基于人工智能的异常检测技术模仿高级智能的推理和计算能力,学习人脑从事推理、设计、思考,解决通常意义上需要专家才能解决的复杂问题。粗略地讲,人工神经网络、遗传算法、灰色理论、生物免疫机制、模糊逻辑等都是实现人工智能算法的手段。

1）基于人工神经网络的异常检测方法

人工神经网络方法是一种非监督学习方法,运用人工神经网络的数据并不需要被特别标识,它模拟人体的神经机制实现计算和自我学习,善于联系和推演,具有很强的容错性。它用于结构异常检测,始于20世纪90年代。利用人工神经网络进行异常检测就相当于给数据分类,数据分为正常和异常。人工神经网络方法需要通过大量的数据训练学习,然后通过自身的自适应能力和自组织能力不断提高推算的精准度。人工神经网络方法无须建立结构系统的力学模型,仅需要根据结构检测数据就可以实现异常检测,增加学习规模可以提高异常检测的精确度,有很好的抗干扰能力,不需要对原始数据做任何的统计假设。

2）基于遗传算法的异常检测方法

遗传算法启迪于生物的进化过程,是计算科学工程与生命学科交叉的结果。遗传算法本身追求全局最优解,是一种十分高效的并且能够并行优化的搜索方法。遗传算法的编码操作保证了它在每次迭代时能充分利用每个群解中的信息,也能使它处理异常检测中大量参数的问题。在结构异常检测过程中,即使部分信息丢失,它也能迅速判定异常位置和程度。近年来不少研究人员将遗传算法用于结构的损伤识别和异常检测,但目前还处于摸索状态,存在求解效率和精度不高、遗传算子选择过于简单等问题。

3）基于灰色理论的异常检测方法

邓聚龙教授于1982年正式发表了《灰色系统的控制问题》一文[4],创立了灰色系统理论。通过已知信息来求解系统的控制问题,用灰色参数、灰色方程和灰色矩阵来描述灰色系统的行为。灰色关联分析是灰色系统理论的基础,是灰色系统理论中一个重要的组成部分,灰色关联分析是一种因素分析方法,通过量化考核比较各因素间发展态势,分析系统中多因素的关联程度。基于灰色理论的异常检测对划定的序列因素之间的关联程度进行异常检测,关联性越大则异常的可能越小。基于灰色理论的异常检测对样本量的大小没有太严格的限制,分析时也不需要符合常规的分布规律,计算量小,而且定量分析的结果一般与定性分析吻合,因此它已成为一种实用的系统分析工具。

7.1.2 局部异常因子算法

局部异常因子(LOF,又称局部离群因子)算法是 Breunig 于 2000 年提出的一种基于密度的局部离群点检测算法[5],该方法适用于不同类簇密度分散情况迥异的数据。算法基本思路是,根据数据点周围的数据密集情况,首先计算每个数据点的一个局部可达密度,然后通过局部可达密度进一步计算得到每个数据点的一个离群因子,该离群因子标识了一个数据点的离群程度,因子值越大,表示离群程度越高;因子值越小,表示离群程度越低。最后,输出离群程度最大的前 n 个点。

这里介绍几个计算中需要用到的定义。

1. 第 k 距离

设 $d_k(O)$ 为点 O 的第 k 距离,$d_k(O)=d(O,P)$,满足两个条件:在数据集合 D 中至少存在 k 个点 $P' \in D-\{O\}$,使 $d(O,P') \leq d(O,P)$;在数据集合 D 中至多存在 $k-1$ 个点 $P' \in D-\{O\}$,使 $d(O,P') < d(O,P)$。点 P 是距离 O 最近的第 k 个点。如图 7-1 所示,点 P 是距离 O 最近的第 5 个点,$d_5(O)=d_6(O)$。

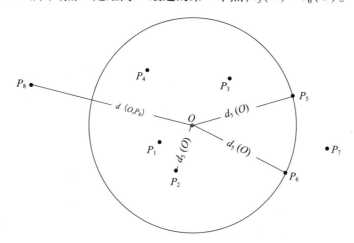

图 7-1 LOF 算法定义示意

2. k 距离邻域

设 $N_k(O)$ 为点 P 到点 O 的距离邻域,满足条件:

$$N_k(O)=\{P' \in D-\{O\} \mid d(O,P') \leq d_k(O)\} \quad (7-1)$$

该集合包含所有到 O 距离小于点 O 到第 k 邻域距离的点。因此 $N_k(O) \geq k$。如图 7-1 所示,点 O 的第 5 距离邻域为

$$N_5(O)=\{P_1,P_2,P_3,P_4,P_5,P_6\} \quad (7-2)$$

3. 可达距离

定义点 P 到点 O 的第 k 可达距离为

$$d_k(P,O)=\max\{d_k(O),d(O,P)\} \quad (7-3)$$

点 P 到点 O 的第 k 可达距离至少是点 O 的第 k 距离,对于距离点 O 最近的 k 个点,它们到点 O 的可达距离式相等的都为 $d_k(O)$。

4. 局部可达密度

定义点 O 的第 k 邻域内所有点到点 O 的平均可达距离的倒数为局部可达密度:

$$\rho_k(O) = \frac{1}{\dfrac{\sum\limits_{P \in N_k(O)} d_k(O,P)}{k}} = \frac{k}{\sum\limits_{P \in N_k(O)} d_k(O,P)} \qquad (7-4)$$

由式(7-4)可以看出,点 O 和周围邻域点距离越小,那么可达距离的和越小,局部可达密度越大;反之点 O 和周围邻域点距离越大,那么可达距离的和越大,局部可达密度越小。

5. 局部离群因子

定义点 O 的邻域 $N_k(O)$ 内其他点的局部可达密度与点 O 的局部可达密度的平均数为点 O 的局部离群因子 $\mathrm{LOF}_k(O)$:

$$\mathrm{LOF}_k(O) = \frac{\sum\limits_{P \in N_k(O)} \dfrac{\rho_k(P)}{\rho_k(O)}}{k} \qquad (7-5)$$

通过式(7-5)可知,若离群因子 $\mathrm{LOF}_k(O)$ 小于1,则说明点 O 的邻域点密度小于点 O 的密度,O 点为密集点;若离群因子 $\mathrm{LOF}_k(O)$ 大于1,则说明点 O 的邻域点密度大于点 O 的密度,O 点可能为异常点。

基于以上定义,基于密度的局部异常因子检测方法描述如下。

(1)输入:数据点集合 D;

(2)输出:异常点集合 O。

计算每个点的局部可达密度,进而计算得到每个点的局部离群因子,选取输出离群程度最高的 n 个点。

步骤1:计算每个点的第 k 距离邻域内各点的第 k 可达距离:

$$\mathrm{reach\_dist}_k(o,p) = \max\{d_k(o), d(o,p)\}$$

式中:$d_k(o)$ 为对象 o 的第 k 距离,$d(o,p)$ 为点 o 到点 p 的距离。

步骤2:计算每个点的局部第 k 局部可达密度:

$$\mathrm{lrd}_k(p) = 1 \bigg/ \left(\frac{\sum\limits_{o \in N_k(p)} \mathrm{reach\_dist}_k(o,p)}{|N_k(p)|} \right)$$

式中:$N_k(p)$ 为 p 点的第 k 距离邻域。

步骤3:计算每个点的第 k 局部离群因子:

$$\mathrm{LOF}_k(p) = \frac{\sum\limits_{o \in N_k(p)} \dfrac{\mathrm{lrd}_k(o)}{\mathrm{lrd}_k(p)}}{|N_k(p)|} = \frac{\sum\limits_{o \in N_k(p)} \mathrm{lrd}_k(o)}{|N_k(p)| \cdot \mathrm{lrd}_k(p)}$$

式中:$N_k(p)$ 为 p 点的第 k 距离邻域。

步骤4:对最大的 n 个局部离群因子所属的数据点,输出离群点集合:

$$O = \{o_1, o_2, \cdots, o_n\}。$$

7.2 时间序列的模式表示

7.2.1 时间序列

所谓时间序列数据就是指按照时间先后顺序排列的各个观测记录的有序集合,其中观察记录是数值类型,它的一个重要特点是具有时间属性,序列值之间存在严格的顺序,是一种有序的数据。例如,金融证券市场中每天的股票价格;气象预报研究中,某一地区的气温与气压读数;卫星管理中,一段时间内记录的传感器记录数据;等等。对于时间序列数据的异常,按照异常的表现形式不同,大致可以分为以下三种。

(1)序列异常:在时间序列数据集中与其他时间序列显著不同的、来源于不同产生机制的时间序列。

(2)点异常:在一条时间序列上与其他序列点存在显著差异的、具有异常特征的序列点。

(3)模式异常:在一条时间序列上与其他模式存在显著差异的、具有异常行为的模式。

对于序列异常,通过特征提取,将时间序列数据集映射到特征空间的对象集合,可以认为是一种无序数据集的异常。点异常的定义虽然可以发现时间序列的一些异常变化,但大部分时间序列的异常并不是由单个点的异常变化引起的。

随着时间的推移,在轨卫星的遥测时间序列数据中通常包含大量的信息,如部件的性能退化、异常信息、故障信息,甚至是空间环境的变化、空间轨道的变化信息等,通过对这些大量的历史遥测序列数据进行分析和处理,可以从中提取出隐含的、事先未知的、有价值的信息和知识,从而指导卫星的日常管理工作。

不过由于卫星遥测序列数据的特殊性和复杂性,如卫星遥测序列数据的维度一般很高,且具有稀疏的特点,大部分时间序列分析方法只适用于低维空间,无法直接用于卫星遥测序列数据的分析处理;由于空间环境和链路传播的影响,卫星遥测序列数据的噪声干扰严重,此外卫星遥测序列数据的长短期周期因素叠加,特别是低轨卫星,受空间轨道特性影响,其部分遥测序列数据的短期波动频繁,导致趋势变化特征不明显,从而给遥测序列上的分析挖掘带来困难。随着时间的推移,卫星遥测序列数据量将会变得非常庞大,这对数据分析挖掘算法的存储空间和伸缩新功能都提出了更高的要求。

为了解决上述问题,很多研究者提出了时间序列的模式表示方法,刻画时间序列的主要形态而忽略微小的细节:一是对时间序列进行压缩,换来更小的存储和计算代价;二是只保留时间序列的主要形态,去除了细节干扰,更能反映时间序列的自身特征,有利于提高数据分析挖掘的效率和准确性;三是通过模式更能表示出时间序列一段时间内的变化模式和规律,更符合遥测数据门限内异常检测的需求。

7.2.2 模式表示

时间序列的模式表示方法,是从更高层次上对时间序列重新进行描述,在时间序列的模式表示上实现对时间序列的分析和挖掘,其基本思想是从时间序列中提取特征,将时间序列变换到特征空间中,采用特征空间的特征模式来表示原始时间序列。时间序列的模式表示有两个优点:首先,压缩了时间序列数据,能够提高数据分析挖掘的工作效率;其次,时间序列的模式表示在一定程度上保留了时间序列的主要特征,去除了一些次要细节,更能反映时间序列的变化情况,有利于数据挖掘的进行。时间序列的模式表示方法主要可以分为以下四种类型:频域表示法、奇异值表示法、符号表示法以及分段线性表示法。

1. 频域表示法

频域表示的基本思想将时间序列看作一个离散信号,采用离散傅里叶变换或者离散小波变换将时间序列从时间域映射到频率域空间,用频谱来表示原始时间序列。对于大部分信号来说,能量主要集中在几个主要的频率上,因此可以用很少的几个频率来近似表示原始时间序列,达到数据压缩的目的,而且能够较好地保持时间序列的主要形态。

时间序列的频域表示应用于相似性查询时支持欧几里得距离和索引,能够保证查询的完备性,但不支持加权欧几里得距离等度量。

2. 奇异值表示法

奇异值分解(singular value decomposition,SVD)是一种常见的降维方法,已经成功用于图像和文本的索引[6]。时间序列的 SVD 表示方法与其他的模式表示方法不同,它是对整个时间序列数据库的整体表示,是对整个时间序列数据库的特征提取和变换。作为线性变换,SVD 方法在数据重构上误差最小,这使 SVD 在一些情况下能够取得很好的性能。但是,SVD 表示方法的时间复杂度为 $O(Mnz)$,其中 M 是指时间序列数据库的大小,n 是指时间序列的平均长度。当插入或者删除一条时间序列时,整个时间序列数据库的 SVD 表示都必须重新计算,时间代价很高。

3. 符号表示法

时间序列是由连续的实数值构成的。时间序列的符号表示就是通过一些离散化方法将时间序列的实数值或者一段时间内的时间序列波形映射到有限的符号表上,将时间序列表示为有限符号的有序集合,即字符串。符号表示的优点在于可以利用许多字符串研究领域的成果,缺点在于如何选择合适的离散化算法,解释符号的意义,以及定义符号之间的相似性度量。Agrawal 等[7]将时间序列的波形符号化,引入多种符号算子;Park 等直接将时间序列的值采用等宽离散化方法和最大熵方法符号化,将时间序列相邻点的变化率符号化。

4. 分段线性表示法

时间序列的分段线性表示(piecewise linear representation, PLR)是指采用首尾相邻的一系列线段来近似表示时间序列。相关研究者指出分段线性表示有数据压缩和过滤的作用,而且具有时间多解析的特点。时间序列 PLR 表示中线段的数目决定了对原始时间序列的近似粒度。线段越多,线段平均长度就越短,反映了时间序列的短期波动情况;线段越小,线段平均长度就越长,反映了时间序列的中长期趋势。时间序列的 PLR 表示简单直观,而且具有许多优点,受到众多研究者的重视,是一种很有希望的模式表示方法。与时间序列的分段线性表示思想类似的还有分段多项式表示,采用多项式函数而不是线段来近似表示一段时间范围内的时间序列。当多项式的阶为 1 时,则退化为时间序列的分段线性表示。

7.3 基于边缘算子的时间序列模式异常检测算法

7.3.1 边缘算子

在数字图像中,如果一个像素点落在图像中的某个物体的边界,那么它的邻域将呈现灰度级变化。描述这种变化最有效的两个特征是灰度的变化率和方向,分别以梯度向量的幅度和方向来表示,可以通过边缘算子来检测每个像素点的邻域并对灰度变化率进行量化,通常也包括方向的确定。有四种经典的边缘检测算子在图像分割中得到了广泛运用,即 Roberts 边缘算子、Sobel 边缘算子、Prewitt 边缘算子和 Kirsch 边缘算子。

时态边缘算子(temporal edge operator, TEO)借鉴了数字图像研究领域中边缘算子的基本思想,将边缘算子与时间序列的特点结合起来,根据时态边缘算子计算时间序列上各点的边缘幅度,选取部分边缘幅度的局部极限值点作为模式的边缘点,即端点,然后将这些边缘点依次用线段连接,就得到了时间序列的一种分段线性表示[8]。

时态边缘算子定义如下,设时间序列 $X = \langle x_1, x_2, \cdots, x_n \rangle$,解

$$\text{Teo}(t,u) = \{w_i * (x_{t+i} - x_t) | i = -u, \cdots, -1, 0, 1, \cdots, u\} \quad (7-6)$$

式中：$2u+1$ 为时态边缘算子的检测窗口长度；w_i 为检测窗口的位置 i 上的权重，可以根据不同数据特征，选择不同的权重函数，如可以令 $w_i = \text{abs}(i)$，表示越靠近检测窗口中心的点权重越高，对其是否为边缘点的影响也越大。在实际应用中，这种方法存在两个方面的问题：一是时间序列的时变非稳态特点往往会使时间序列的数据特征随着时间的推移发生变化，不同时段的边缘幅度没有可比性；二是时间序列的数据相关性很强，相邻的序列点的边缘幅度很接近，导致上述方法选择了许多邻近的序列点作为边缘点，降低了时间序列表示的质量。

7.3.2 时间序列的时态边缘算子模式表示

时间序列的时态边缘算子(temporal edge operator, TEO)表示是一种分段线性表示方法，根据时态边缘算子从时间序列上检测时间序列的边缘点(分段点)，用连接这些边缘点之间的直线段序列来表示原始时间序列。

采用时态边缘算子与时间序列作卷积运算，就能得到时间序列上各点的边缘幅度。边缘幅度表示该点为时间序列的边缘的程度，边缘幅度越高，该点越可能是时间序列的边缘点。一种简单的方法就是选出边缘幅度最大的 K 个点作为边缘点，这种方法简单直观，体现了"边缘幅度最大的序列点最可能是边缘点"的特点，而且确定了时间序列的子段数目。

定义1：极大极小边缘点

设时间序列 $X = \langle x_1, x_2, \cdots, x_n \rangle$，那么有以下两种情况。

(1) 序列点 x_k 是极大边缘点，如果存在 $i < k < j$，使 x_k 是上 $X_{i,j}$ 的边缘幅度的极大点；

(2) 序列点 x_k 是极小边缘点，如果存在 $i < k < j$，使得 x_k 是上 $X_{i,j}$ 的边缘幅度的极小点。

定义2：时间序列的边缘点

(1) 序列点 x_1、x_n 分别是时间序列 X 的边缘点；

(2) 设 x_i 是边缘点，且是极大(小)边缘点，那么 x_j 是边缘点，此时 x_j 是极小(大)边缘点，并且 $j - i \geq d$。

设时间序列 $X = \langle x_1, x_2, \cdots, x_n \rangle$，其边缘点集合为 $X = \langle x_{i_1}, x_{i_2}, \cdots, x_{i_K} \rangle$，其中 $1 \leq i_1 < i_2 < \cdots < i_K \leq n$。那么该时间序列的时态边缘算子模式表示为

$$X^{\text{T}} = \begin{cases} L(x_{i_1}, x_{i_2})(t \in [x_{i_1}, x_{i_2}]) \\ L(x_{i_2}, x_{i_3})(t \in [x_{i_2}, x_{i_3}]) \\ \vdots \\ L(x_{i_{K-1}}, x_{i_K})(t \in [x_{i_{K-1}}, x_{i_K}]) \end{cases} \quad (7-7)$$

式中：$L(x,y)$为连接边缘点 x 和 y 之间的线性函数。

7.3.3 基于时态边缘算子表示的时间序列异常检测算法

针对卫星电源分系统的遥测时间序列数据的模式异常检测问题，在上述时间序列的 TEO 模式表示基础上，从模式中抽取线段的长度、斜率和平均值三个特征，将时间序列转换到特征空间上的对象集合，采用基于模式密度的模式异常定义，用"异常因子"来衡量时间序列模式在特征空间中的异常程度，时间序列模式异常检测算法描述如下。

(1)输入：时间序列 X，参数 k，异常阈值 λ。
(2)输出：异常模式集合。
步骤1：利用时态边缘算子获取时间序列的 TEO 表示。
步骤2：从模式中抽取特征：线段的初始值、长度和斜率，将时间序列的 TEO 表示变换到特征空间中的对象集。
步骤3：对于集合 D 中的每个对象 p，计算对象 p 的 k-邻近距离和 k-领域 $N_k(p)$。
步骤4：对集合 D 中每个对象 p，计算其异常因子 $POF_k(p)$，如果 $POF_k(p) > \lambda$，则判断 p 对应的时间序列模式异常。

7.4 试验结果及分析

首先针对 Ma_Data 数据集采用上述算法进行模式异常检测。Ma_Data 数据集是 Ma 等用于检测新颖性事件的时间序列仿真数据集，其数据由以下随机过程产生：

$$X_1(t) = \sin\left(\frac{40\pi}{N}t\right), X_2(t) = \sin\left(\frac{40\pi}{N}t\right) + e_1(t)$$

$$X_3(t) = \sin\left(\frac{40\pi}{N}t\right) + e_2(t), X_4(t) = \sin\left(\frac{40\pi}{N}t\right) + e_1(t) + e_2(t)$$

式中：$t = 1,2,\cdots,N; N = 1200; e_1(t)$ 和 $e_2(t)$ 为两个异常事件，定义如下：

$$e_1(t) = \begin{cases} n(t) & (t \in [600, 620]) \\ 0 & (其他) \end{cases}$$

式中：$n(t)$ 符合正态分布 $N(0,0.5)$。

$$e_2(t) = \begin{cases} 0.4\sin\left(\frac{40\pi}{N}t\right) & (t \in [820, 870]) \\ 0 & (其他) \end{cases}$$

可以看出，时间序列 $X_1(t)$ 是一条长度为 1200 的正常时间序列，$X_2(t)$ 是在 $X_1(t)$ 中加入了一个随机异常事件 $e_1(t)$，$X_3(t)$ 是在 $X_1(t)$ 中加入了一个确定异常事件 $e_2(t)$，$X_4(t)$ 是在 $X_1(t)$ 中加入了两个异常事件 $e_1(t)$ 和 $e_2(t)$。

采用基于时态边缘算子的时间序列异常检测算法对生成的序列 $X_1(t)$、$X_2(t)$、$X_3(t)$、$X_4(t)$ 进行异常检测，其中参数 $k=5$，异常阈值 $\lambda=10$，试验结果如图 7-2 所示。

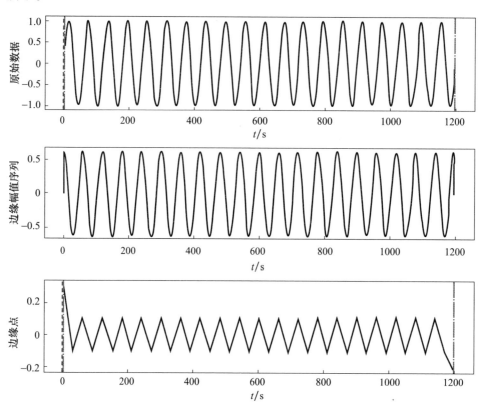

图 7-2 时间序列 $X_1(t)$ 的异常检测结果

图 7-2 的第一部分为时间序列的原始数据，中间部分对应了采用时态边缘算子计算出的时间序列上各点的边缘幅值序列，最下面为识别出的时间序列的边缘点，其中红色线和绿色竖线之间为算法检测出来的异常模式。从图 7-2 中可以看出，对于时间序列 $X_1(t)$，除了两边端点外，未检测出任何异常模式。

对于时间序列 $X_2(t)$，是在 $X_1(t)$ 中加入了 1 个随机异常事件 $e_1(t)$，异常时间为 600~620，从图 7-3 中可以看出通过本章算法可以检测出该异常时间。

对于时间序列 $X_3(t)$，是在 $X_1(t)$ 中加入了 1 个随机异常事件 $e_2(t)$，异常时间为 820~870，从图 7-4 中可以看出通过本章算法可以检测出该异常事件。

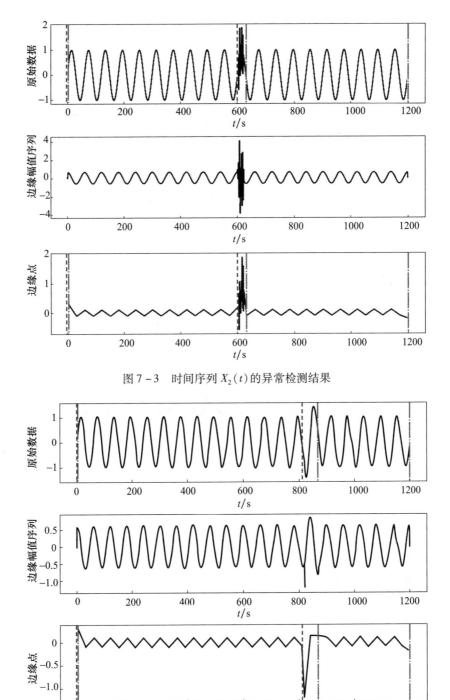

图7-3 时间序列 $X_2(t)$ 的异常检测结果

图7-4 时间序列 $X_3(t)$ 的异常检测结果

对于时间序列 $X_4(t)$,是在 $X_1(t)$ 中加入了两个随机异常事件 $e_1(t)$ 和 $e_2(t)$,异常时间分别在 600~620s 与 820~870s,从图 7-5 中可以看出通过本章算法可以检测出加入的两个异常事件。

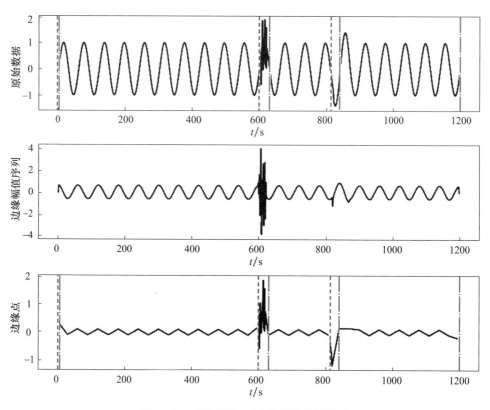

图 7-5 时间序列 $X_4(t)$ 的异常检测结果

图 7-6 和图 7-7 给出了某型号卫星电源分系统实际遥测序列数据经重采样后数据的模式异常检测结果。

从图 7-6 中可以看出,除了在两边端点处,时间序列模式异常检测算法可以准确发现数据中存在的异常模式数据,位置在 1250s 附近。

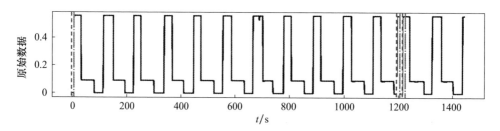

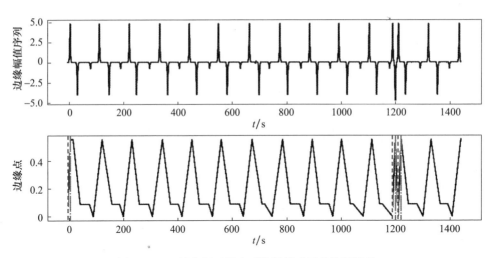

图 7-6 卫星实际遥测序列数据模式异常检测结果

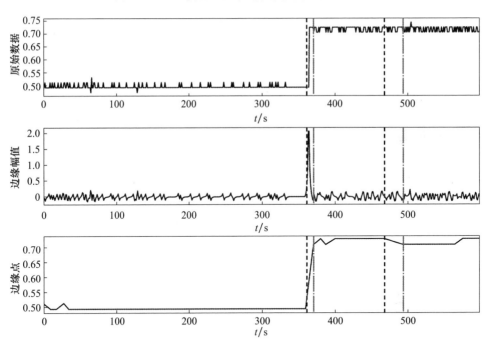

图 7-7 卫星电源实际遥测序列数据模式异常检测结果

7.5 本章小结

基于卫星电源历史实测数据,本章研究了遥测数据门限内异常模式检测问题,

133

利用时态边缘算子获取卫星电源遥测时间序列数据的分段线性表示,基于模式密度的模式异常定义,用"异常因子"来衡量时间序列模式在特征空间中的异常程度,给出了一种基于边缘算子的遥测数据时间序列模式异常检测算法,并通过模拟数据和卫星实测数据对算法的有效性进行了验证。与传统基于门限的检测方法相比,本方法具有以下优势。

(1)传统方法依赖先验知识,知识获取困难;本方法基于卫星电源遥测序列数据和时态边缘算子状态数据建立检测模型,数据容易获取,对专家经验和知识依赖少。

(2)现有门限检测方法的前提是预先给定故障门限,因此无法发现事先没有想到的未知故障;本方法利用卫星电源历史遥测序列数据,计算时态边缘幅值和提取边缘点,获取遥测序列数据的线性表示模式,并对其采用局部异常因子算法进行异常检测,因此能够检测事先没有想到的"未知"故障。

关于如何设置合理的算法参数以及异常阈值,本书采用的是基于领域知识和实际数据相结合的方法,但由于实际中卫星电源分系统的遥测数据大多几百个甚至上千个,此种方法将耗费大量的时间和人力,另外由于涉及领域知识,人为主观性也对算法的结果产生重要的影响,下一步还需进一步研究算法参数的选取规则和减少模式异常误报问题。

参考文献

[1] 黄解军,潘和平,万幼川. 数据挖掘技术的应用研究[J]. 计算机工程与应用,2003(2):45-48.

[2] 孙延涛,杨芳南,许松涛. 基于统计的网络性能异常快速检测方法[J]. 计算机工程,2009, 35(11):166-168,180.

[3] 李德仁,王树良,李德毅,等. 论空间数据挖掘和知识发现的理论与方法[J]. 武汉大学学报(信息科学版),2002(3):221-233.

[4] 邓聚龙. 灰色系统综述[J]. 世界科学,1983(7):1-5.

[5] BREUNIG M M, KRIEGEL H P, NG R T, et al. LOF: Identifying Density - Based Local Outliers [C]// Acm Sigmod International Conference on Management of Data. ACM,2000.

[6] CEMPEL C. The evolution of generalized fault symptoms and fault intensities as indicators of observation redundancy and coming system breakdown[J]. Mechanical Systems & Signal Processing,2011,25(8):3116-3124.

[7] AGRAWAL R, IMIELINSKI T, SWAMI A. Database mining: a performance perspective [J]. Knowledge & Data Engineering IEEE Transactions on,1993,5(6):914-925.

[8] 肖辉,马海兵,龚薇. 基于时态边缘算子的时间序列分段线性表示[J]. 计算机工程与应用, 2008(19):156-159.

第三篇

性能评估

第8章
基于 Thevenin 模型的卫星蓄电池性能参数评估方法

8.1 电池分析及评估模型相关理论

实际电池性能(特别是 SOC)在估计过程中,最终的评估结果和建立的计算模型关系非常密切,所以这是一项十分重要的工作。可将现有模型划分为三类。

(1)神经网络模型。现有研究已经完成结合 BP 神经网络的建模,然而此类研究受制于训练数据的大规模需求量以及对历史数据的大范围采集。

(2)电化学模型。电化学模型是使用数学公式来表达关系的一类模型,此类模型以普适的电化学基础为理论依据,以公共关系表达式来描述电池特性。一般情况下,参数多,结构复杂。

(3)等效电路模型。等效电路模型是指用电路来表达蓄电池特征的模型。此类模型能够清晰明了地表示蓄电池工作机理即流程,而且具有丰富的表达式对其进行描述,在目前电池性能估计中应用最为广泛,经常使用的计算模型包括 Rint 模型等,也称内阻模型[1]。Rint 模型一般比较容易搭建,原理也不难,但在电池反应上有所欠缺,适用于精度要求不高的情形。PNGV 模型以及其他计算模型都和电池的特性息息相关,能够针对电动势进行反映,并且与对应的数学模型进行结合考虑,具有较高精度。

8.1.1 Rint 模型

如图 8-1 所示是 Rint 模型示意图,主要通过连接电阻以及电源,并且得到电压 U_{oc} 以及对应的电阻 R_0。如果其处于工作阶段,电池电量往往会有一定变化。Rint 模型前面已经介绍,此处不再赘述。

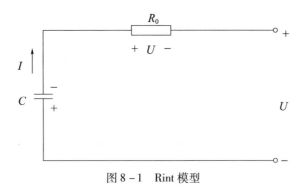

图 8-1 Rint 模型

8.1.2 Thevenin 模型

Thevenin 模型具体连接方式如图 8-2 所示,输入端主要是电流,可以得到其极化电阻大小,U_{oc} 主要为开路电压,U_L 主要为负载电压。R_p 以及 C_p 主要针对电容进行考虑。如果电流进行传输时,相应的正极以及负极会出现电压的变化,往往是在有电流流转时[2-3],往往会有一定的变化体现在极化电阻 R_p 上,极化电容会出现渐变性情况 C_p 上。根据基尔霍夫定律列出的数学模型如下式:

$$\begin{cases} U_L = U_{oc} - IR_0 - U_p \\ \dfrac{dU_p}{dt} = -\dfrac{U_p}{C_p R_p} + \dfrac{I}{C_p} \end{cases} \quad (8-1)$$

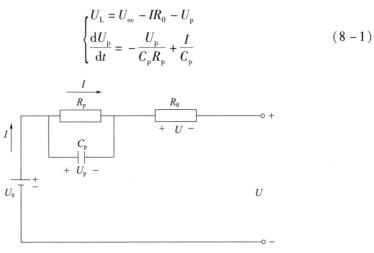

图 8-2 Thevenin 模型

根据式(8-1)中 Thevenin 模型的数学表达,可得离散化模型状态方程为

$$U_L(k) + a_1 \cdot U_L(k-1) = U_{oc}(k) + a_1 \cdot U_{oc}(k-1) - b_1 \cdot I(k) - b_2 \cdot I(k-1) \quad (8-2)$$

其中

$$\begin{cases} R_0 = \dfrac{b_2}{a_1} \\ R_p = \dfrac{a_1 \cdot b_1 - b_2}{(1+a_1)a_1} \\ C_p = -\dfrac{T \cdot a_1^2}{a_1 b_1 - b_2} \end{cases}$$

式中:T 为数据点的采样周期。实际应用中,电池电流 I 和负载电压 U_L 是已知量,由式(8-1)可见,采用一定的参数辨识方法可以获得 U_{oc}、R_0、R_p 和 C_p。

8.1.3 PNGV 模型

PNGV 模型如图 8-3 所示,可见其原理,U_{oc} 主要是电池开路电压数据;C_b 主要将电流累加和释放出来,并且能够针对电池的充放电进行模拟;R_0 主要计算电池欧姆内阻;R_p 主要计算电池极化电阻;C_p 主要计算电池极化电容;R_p 和 C_p 主要计算电池并联时的电容大小;U_b、U_p 分别表示 C_b、C_p 电压数据信息;I 为环路电流数据;U_L 为电池端(负载)电压。根据基尔霍夫定律列出的数学模型如下:

$$\begin{cases} U_L = U_{oc} - IR_0 - U_p - U_b \\ \begin{bmatrix} \dfrac{dU_b}{dt} \\ \dfrac{dU_p}{dt} \end{bmatrix} = \begin{bmatrix} 0 & 0 \\ 0 & -\dfrac{1}{C_p R_p} \end{bmatrix} \begin{bmatrix} U_b \\ U_p \end{bmatrix} + \begin{bmatrix} \dfrac{1}{C_b} \\ \dfrac{1}{C_p} \end{bmatrix} \cdot I \end{cases} \quad (8-3)$$

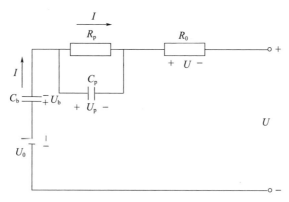

图 8-3 PNGV 模型

PNGV 模型不适于在锂电池上进行应用,主要用来针对负载电流信息数据进行表达,主要表示 C_b 大小,但并不是很合适。

根据式(8-3),可得离散化模型状态方程为

$$U_L(k) = x_1 \cdot U_L(k-1) + x_2 \cdot U_L(k-2) + x_3 \cdot I(k) + x_4 \cdot I(k-1) + x_5 \cdot I(k-2)$$
$$(8-4)$$

记 $\theta = \dfrac{1}{C_p R_p}$，则有

$$\begin{cases} x_1 = 1 + e^{-\theta T} \\ x_2 = -e^{-\theta T} \\ x_3 = -R_0 \\ x_4 = (1 + e^{-\theta T}) \cdot R_0 - (1 - e^{-\theta T}) \cdot R_p - \dfrac{1}{C_b} \\ x_5 = (1 - e^{-\theta T}) \cdot R_p - e^{-\theta T} \cdot R_0 + \dfrac{e^{-\theta T}}{C_b} \end{cases}$$ 和

$$\begin{cases} C_b = -\dfrac{1 + x_2}{x_3 + x_4 + x_5} \\ R_p = \dfrac{x_5 - x_2 x_4 + x_2^2 x_3}{(1 + x_2)^2} \\ C_p = -\dfrac{T}{\dfrac{x_5 - x_2 x_4 + x_2^2 x_3}{(1 + x_2)^2} \ln(-x_2)} \\ R_0 = -x_3 \end{cases}$$

由式(8-4)可知，通过 PNGV 模型可以辨识获得 R_0、R_p、C_p 和 C_b。实际中，由于只能获得负载电压，因此式(8-4)无法求得 U_p 和 U_b 的初始值，进而无法直接获得 U_{oc}。

地面通常采用混合脉冲测试试验(HPPC)测试，选取恰当的激励信号，才能详细获得包括 U_{oc} 在内的各类参数。混合脉冲测试试验(hybrid pulse power characteristic,HPPC)是比较常见的测试电池的方案，测试过程往往需要设定 SOC 间隔，结合电流充放电过程，并且与电池模型输出结合，通过线性回归方法进行模型构建，才能够较好地得到运算结果信息。

8.2 模型适应性分析

8.1 节介绍了常用的电池模型，现对几种模型就卫星蓄电池健康评估适用性进行分析。RC 模型因模型参数在线辨识过程中没有得到优化，导致其精度很难得到保证，是比较简单的电路模型。Rint 模型主要进行内阻评估，并且效果较好，由于其结构简单，无法精确地表达蓄电池的极化现象。Thevenin 模型为了达到更

清楚地表达蓄电池性能变化的目的,将回路概念引入,让电池能够更为快速地进行响应。PNGV 模型则进一步添加了电容 C_b,此参数可以描述直流效应,更可以明晰表达电池容量变化,弥补了 Thevenin 模型在这一方面的缺陷[4]。

对于系统建模,在确保其有效性的同时,应该兼顾复杂程度,否则在计算过程中将付出更高的时间和硬件资源使用成本。当下卫星设计中,锂电池为主流蓄电池选用材料,而对于锂电来说,PNGV 模型有缺陷。综合比较几种模型,Thevenin 模型适用于参数辨识,并且其参数具有明晰的物理意义,此外,其在其他电池的使用建模中也具有广泛基础,故而采用 Thevenin 模型是目前最适合的选择。

8.3 基于最小二乘辨识法的 Thevenin 模型参数辨识

如8.1节的公式,结合离散处理方法,能够辨识 R_0、R_p 和 C_p,但其中开路电压 U_{oc} 是关于时间的变量,无法在电池运行过程中得到,因此需要对公式进行简化处理。本章中考虑 U_{oc} 为定值,可以计算其平均结果。以下是进行优化之后的计算公式:

$$U_L(k) + a_1 \cdot U_L(k-1) = (1+a_1) \cdot U_{oc} - b_1 \cdot I(k) - b_2 \cdot I(k-1) \quad (8-5)$$

建立多元线性回归方程,利用最小二乘法实现。结合式(8-5),可以进行一定的转化,得到:

$$Y = \beta_1 + \beta_2 X_2 + \beta_3 X_3 + \beta_3 X_3 + \beta_4 X_4 + e \quad (8-6)$$

式中:Y 为因变量;X_i 为自变量;β_j 为回归系数;e 为随机误差,能够服从正态分布 $N(0,\sigma^2)$。

假设有 n 组观测值:

$$(Y_i, X_{i2}, X_{i3}, X_{i4}) = (U_{Li}(k), U_{Li}(k-1), I_i(k), I_{i-1}(k)) \quad (i=1,2,\cdots,n)$$

则式(8-6)可写成

$$Y_i = \beta_1 + \beta_2 X_{2i} + \beta_3 X_{3i} + \beta_3 X_{3i} + \beta_4 X_{4i} + e_i \quad (8-7)$$

式(8-7)写成矩阵形式为

$$Y = X\beta + e \quad (8-8)$$

线性回归方程表示为

$$\hat{Y} = \hat{\beta}_1 + \hat{\beta}_2 X_2 + \hat{\beta}_3 X_3 + \hat{\beta}_3 X_3 + \hat{\beta}_4 X_4 \quad (8-9)$$

针对回归方程进行模拟处理。在其处理过程中,结合最小二乘法,并且结合观测值进行分析,得到偏差方案,可以通过以下公式计算:

$$Q = \sum_{i=1}^{n}(Y_i - \hat{Y}_i)^2 \quad (8-10)$$

可以结合极值得到回归系数 $\hat{\beta}$:

$$\hat{\boldsymbol{\beta}} = (\boldsymbol{XX}^{\mathrm{T}})^{-1}\boldsymbol{XY}^{\mathrm{T}} \qquad (8-11)$$

式中：$\boldsymbol{X} = \begin{bmatrix} 1 & X_{12} & X_{13} & X_{14} \\ 1 & X_{22} & X_{23} & X_{24} \\ \vdots & \vdots & \vdots & \vdots \\ 1 & X_{n2} & X_{n3} & X_{n4} \end{bmatrix} = \begin{bmatrix} 1 & U_{L1}(k-1) & I_1(k) & I_1(k-1) \\ 1 & U_{L2}(k-1) & I_2(k) & I_2(k-1) \\ \vdots & \vdots & \vdots & \vdots \\ 1 & U_{Ln}(k-1) & I_n(k) & I_n(k-1) \end{bmatrix}$，

$\boldsymbol{Y} = \begin{bmatrix} Y_1 \\ Y_2 \\ \vdots \\ Y_n \end{bmatrix} = \begin{bmatrix} U_{L1}(k) \\ U_{L2}(k) \\ \vdots \\ U_{Ln}(k-1) \end{bmatrix}$，$\boldsymbol{\beta} = \begin{bmatrix} (1+a_1)U_{oc} \\ -a_1 \\ -b_1 \\ -b_2 \end{bmatrix}$ 是 β 的无偏估计量。由式(8.2)中参

数对应关系，能够得到对应的电压数据信息、相应的电容数据及电阻数据信息。

8.4 Thevenin 模型适用性测试

8.4.1 基本方法

考虑使用卫星蓄电池放电电流和输出电压作为参数识别用的输入。蓄电池充电过程比较缓慢，电流电压数值较小，这一过程不适合进行参数辨识。以某在轨卫星 D 某蓄电池 1 某日一段放电过程为例，如图 8-4 所示。放电从 22:14:38 开始，到 23:23:14 结束，数据点采样间隔 4s，共持续 4116s，有 1029 个数据点。

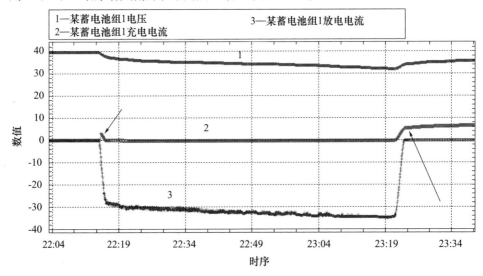

图 8-4 某卫星某蓄电池 1 某日的一段放电过程

从式(8-2)可知,需要辨识参数四个,原则上只要有四组电流电压参数就可以得到辨识结果。如此便可以达到实时评估效果,能够捕获整个放电过程中电源性能的变化。数据样本越多,辨识效果越好。考虑到卫星遥测数据本身扰动较大,数据分层和噪声都会产生影响,在辨识方面的相关数据处理方面。一般不适合的信号处理方面与相关模型的参数控制处理过程,可以采用 HPPC 完成测试过程,需要在一定 SOC 和温度条件下,对蓄电池实施大电流脉冲充放电测试,利用整个过程中的数据进行参数回归分析。本节需要研究的是建模时间段 T_s 的长短对辨识效果的影响,以达到检测整个放电过程中电源参数变化的目的。

模型的适用性测试流程如图 8-5 所示:首先,选取一段时间 T_s 内放电流 $I_d(t)$ 和输出电压 $U_L(t)$ 数据样本进行参数辨识,得到电源开路电压、极化电阻等参数;然后,在 Simulink⊥ 中建立 Thevenin 模型,带入辨识得到的电源参数,以放电电流为输入,仿真测试得到输出电压 U_s;最后,对比仿真电压 U_s 和实际电压 U_L,验证辨识结果。

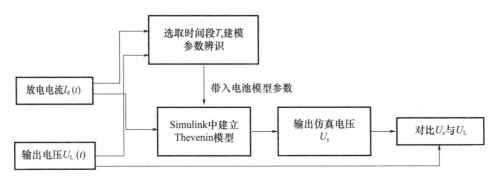

图 8-5 模型的测试流程

结合计算公式,在 Simulink 中构建仿真模型,具体结果如图 8-6 所示。将蓄电池放电电流和输出电压遥测数据以列表形式读入,放在 Import_Group1 中,Signal1 为放电电流,Signal2 为输出电压。仿真输出电压结果和实际输出电压会打印到 Matlab 空间中进行作图对比分析。由于式(8-2)模型中规定放电电流为正,而实际遥测数据为负,因此需要进行符号转换。

8.4.2 不同建模时长对比

取图 8-4 中卫星 D 北蓄电池 1 某日 22:20—23:10 之间电流电压数据作为待建模样本,持续 3000s,放电电流形态如图 8-7 所示。表 8-1 所列为不同建模时段得到的参数辨识结果,包含 5 个测试用例。其中,例 1 时间段基本覆盖放电全过程,例 1~例 5 时长均为 900s,但起始时间不同,例 2~例 5 的起始时间逐渐推迟。

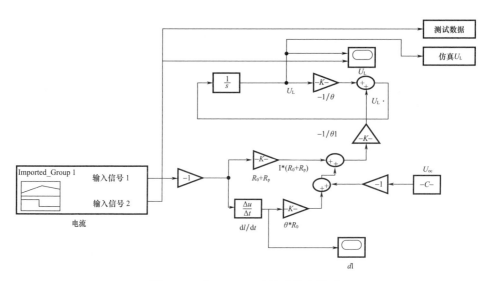

图 8-6 在 Simulink 中构建仿真模型

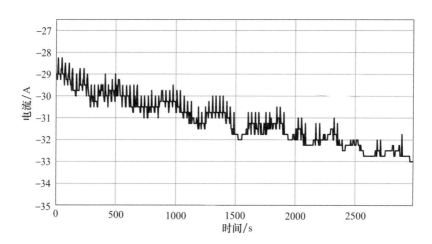

图 8-7 测试用放电电流数据随时间变化

表 8-1 模型建模时间段与辨识结果

建模时段			辨识结果			
序号	起始时间	结束时间	时长/s	R_0/Ω	R_p/Ω	C_p/F	U_{oc}/V
1	22:20:41	23:05:41	2700	0.0224	0.671	485.46	56.52
2	22:25:41	22:40:41	900	0.0301	0.241	843.24	43.48
3	22:30:41	22:45:41	900	0.0284	0.273	207.32	44.16
4	22:35:41	22:50:41	900	0.0522	0.143	345.80	40.69
5	22:40:41	22:55:41	900	0.0526	0.151	546.51	40.83

从表8-1的辨识结果可见,建模所选时长和建模时间对辨识结果有很大影响。例1的开路电压高于其他4例,其他4例的开路电压结果则相对差距较小。5个例子中另外几个参数的结果差别也很显著。随着电池放电,电池荷电状态和温度都会有显著变化,因此辨识得到的参数差别会较大。进一步的分析需要对比输出电压的仿真和实际结果差异。

图8-8~图8-17为5组测试用例的输出电压仿真值和实际值对比,以及两者的相对偏差。可见,实际输出电压从36.5V左右下降到33.2V左右,呈台阶状,分析认为这是由遥测值分层造成的,实际应当是连续曲线。例1得到的仿真输出电压与实际输出电压值最为接近,相对偏差在1.2%以内,仿真效果较好。例2~例5建模时长较短,只覆盖了放电过程中的某段,因而得到的结果是仿真输出电压只在特定时段内与实际电压值吻合较好,其余时段效果较差。例2~例5的相对偏差平均值依次为2.7%、1.6%、2.2%和1.8%。

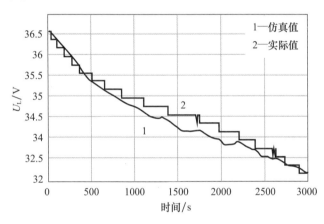

图8-8 测试用例1输出电压的仿真值和实际值

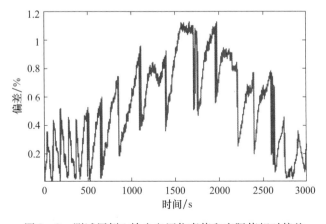

图8-9 测试用例1输出电压仿真值和实际值相对偏差

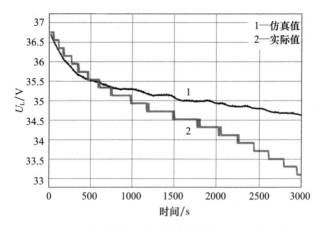

图 8-10 测试用例 2 输出的电压仿真值和实际值

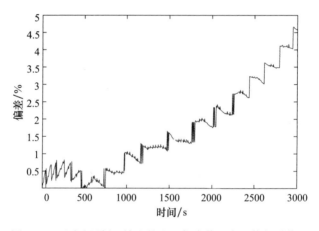

图 8-11 测试用例 2 输出的电压仿真值和实际值相对偏差

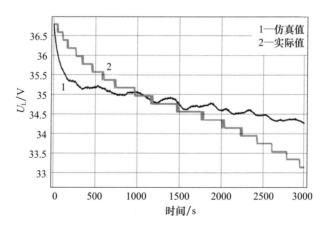

图 8-12 测试用例 3 输出的电压仿真值和实际值

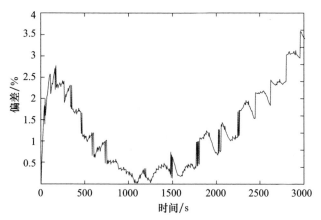

图 8-13 测试用例 3 输出的电压仿真值和实际值相对偏差

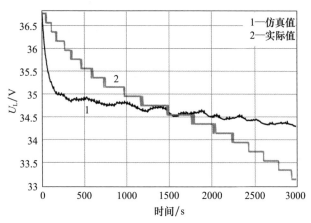

图 8-14 测试用例 4 输出的电压仿真值和实际值

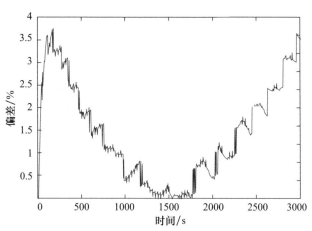

图 8-15 测试用例 4 输出的电压仿真值和实际值相对偏差

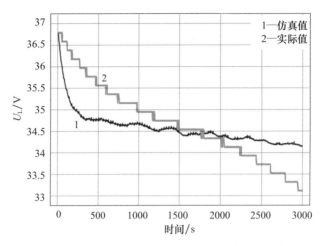

图 8-16 测试用例 5 输出的电压仿真值和实际值

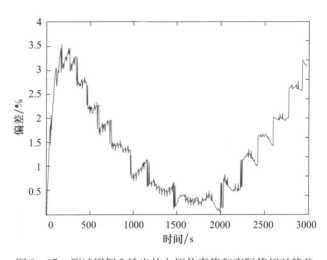

图 8-17 测试用例 5 输出的电压仿真值和实际值相对偏差

从上述测试结果可知:参与辨识的数据样本越多,得到的仿真电压与实际值的吻合度越高,辨识得到参数相当于是整个放电过程中电池性能的平均结果。如果只选取一段短时间数据来辨识,则得到的参数是该段时间内的平均结果。如果选取的时间段够短,可以得到放电过程中参数的连续变化,相当于达到动态评估的效果。但是,由于实际电池数据采样间隔较大(4s),分层值影响严重,有时电压/电流值长达几十秒保持恒定,因此在较短的时间段对模型进行辨识效果很差。在大量测试中,建模时间段至少保持在 15min 才能获得稍理想效果。相对于整个 60min 左右的放电过程,如此长时间已经失去动态评估意义。所以,选择较长建模时间段来基本覆盖整个放电过程,是最合理的选择。

8.4.3 不同年份测试

试验测试了不同年份在相同日期的辨识结果和仿真效果,验证模型在蓄电池长期运行时间上的适用性,测试结果如表8-2所列。测试选取了2010年、2011年、2012年、2015年、2018年和2020年的3月20日在22:02—23:50的放电过程。之所以选取每年的同一时间段,是因为该卫星D每年的春影季工作状况类似。从表8-2可见,欧姆内阻在0.0198~0.0323Ω,极化电阻在0.663~0.776Ω,极化电容在208.1~435.1F,开路电压在56.31~58.72V。

表8-2 不同年份模型建模时间与辨识结果

用例序号	建模时间	R_0/Ω	R_p/Ω	C_p/F	U_{oc}/V
1	2020-03-20 22:18—23:10	0.0323	0.663	329.2	56.43
2	2018-03-20 22:25—23:15	0.0224	0.671	330.3	57.09
3	2015-03-20 22:18—23:10	0.0271	0.663	261.3	56.90
4	2012-03-20 22:15—23:05	0.0198	0.670	435.1	56.31
5	2010-03-20 22:02—22:50	0.0304	0.776	208.1	58.72

图8-18~图8-27所示为表8-2中对应的5组测试例仿真电压与输出电压对比,以及仿真电压的相对偏差。总体可见不同年份的辨识结果和仿真结果比较贴切,在误差控制方面效果较好。

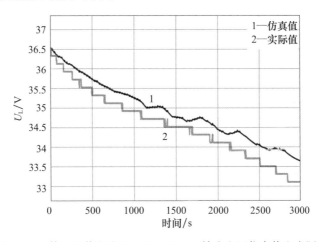

图8-18 某卫星蓄电池1 2020-03-20输出电压仿真值和实际值

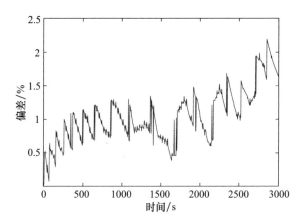

图 8-19　某卫星蓄电池 1 2020-03-20 输出电压仿真值相对偏差

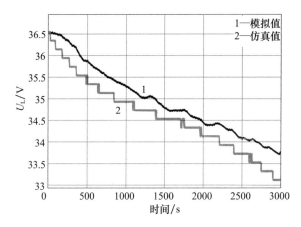

图 8-20　某卫星蓄电池 1 2018-03-20 输出电压仿真值和实际值

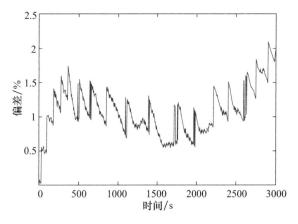

图 8-21　某卫星蓄电池 1 2018-03-20 输出电压仿真值相对偏差

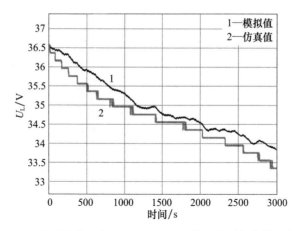

图 8-22 某卫星蓄电池 1 2015-03-20 输出电压仿真值和实际值

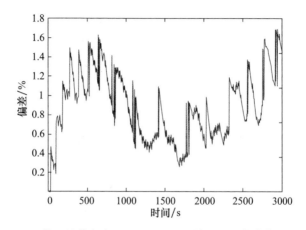

图 8-23 某卫星蓄电池 1 2015-03-20 输出电压仿真值相对偏差

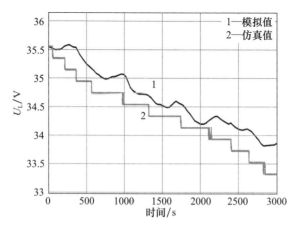

图 8-24 某卫星蓄电池 1 2012-03-20 输出电压仿真值和实际值

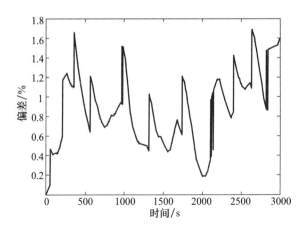

图 8-25 某卫星蓄电池 1 2012-03-20 输出电压仿真值相对偏差

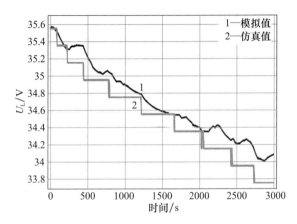

图 8-26 某卫星蓄电池 1 2010-03-20 输出电压仿真值和实际值

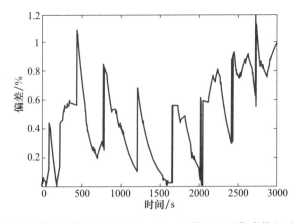

图 8-27 某卫星蓄电池 1 2010-03-20 输出电压仿真值相对偏差

8.5 卫星蓄电池重要参数计算及评估

8.5.1 卫星蓄电池1重要参数计算及评估

根据8.4节中的分析,研究选取D星蓄电池1在2010—2020年春影期电流/电压数据进行参数辨识,得到各参数平均值来说明蓄电池性能的变化,如表8-3所列。

表8-3 D星蓄电池1 2010—2020年春影期参数辨识结果

年份		R_0/Ω	R_p/Ω	C_p/F	U_{oc}/V
2010	平均值	0.0148	0.6995	583.1	51.71
	方差	0.0088	0.1563	237.9	4.24
2011	平均值	0.0237	0.6110	691.3	56.04
	方差	0.0154	0.0829	224.4	2.78
2012	平均值	0.0230	0.6381	1140.7	55.72
	方差	0.0099	0.0741	629.5	2.21
2013	平均值	0.0202	0.7204	563.2	58.68
	方差	0.0144	0.0640	311.3	1.91
2014	平均值	0.0275	0.7147	583.6	58.69
	方差	0.0047	0.1236	244.2	4.29
2015	平均值	0.0274	0.6479	628.6	56.49
	方差	0.0052	0.0831	300.8	2.72
2016	平均值	0.0293	0.6547	550.5	56.83
	方差	0.0065	0.0638	263.2	2.15
2017	平均值	0.0305	0.6594	599.4	57.08
	方差	0.0058	0.0737	361.1	2.42
2018	平均值	0.0283	0.7207	552.4	58.98
	方差	0.0045	0.0940	372.7	3.18
2019	平均值	0.0340	0.7424	485.8	59.41
	方差	0.0062	0.0692	165.8	2.32
2020	平均值	0.0362	0.6956	520.9	57.76
	方差	0.0090	0.0801	243.2	2.49

对于蓄电池特性的分析需要结合电池温度和 SOC 状态的变化来分析。如图 8-28 所示典型的单体氢镍电池 Thevenin 模型对应的电阻、电容结果。可以得到,欧姆内阻和极化电阻在 SOC 全过程中变化较小,随着 SOC 的减小而出现小幅上升。极化电容在 SOC 处于两端时较高,当 SOC 从 1.0 开始下降,也就是放电开始时,极化电容会显著下降,直至到 SOC 为 0.35 左右达到最小值。

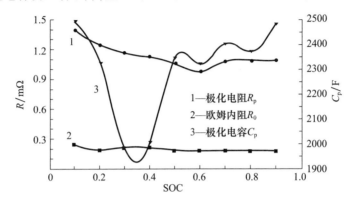

图 8-28 典型氢镍电池 Thevenin 模型参数随 SOC 的变化

根据表 8-3,可以作图得到各模型参数随年度的变化。图 8-29 所示为某高轨卫星 D 蓄电池 2010—2020 年春影期开路电压平均值的变化情况。可见,开路电压总体呈现少许上升趋势并带有一定幅度的波动。拟合开路电压计算过程如下:

$$U_{oc} = 0.204 \cdot year - 353.5787 \quad (8-12)$$

开路电压平均值每年的上升幅度约为 0.204V。

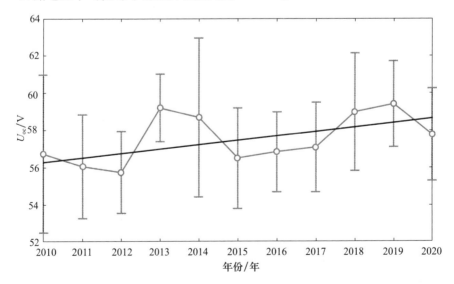

图 8-29 D 星蓄电池 1 2010—2020 年春影期开路电压变化

图 8-30 所示为 D 星蓄电池 1 2010—2020 年春影期平均温度随年份的变化。可见电池温度在 2011 年之后有显著上升,相比于 2010 年上升约 0.4℃。因此,图 8-30 中开路电压的上升是由温度提升导致的。电池温度上升带来电解液离子扩散速率的增强,浓差极化作用明显减小,电池放电能力提升、开路电压增加。实际上,电池温度在 2010—2011 年的大幅上升是由电池放电量增加带来的焦耳热增多造成的,在此不对电池放电特性赘述。尽管放电电量增加意味着 SOC 降低,会导致电池性能的下降,包括内阻提升等,但开路电压的不断上升说明焦耳热的增加要比 SOC 的降低对电池性能影响更显著。

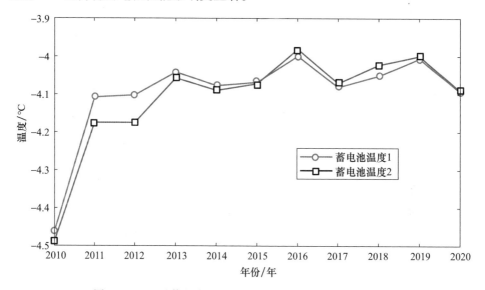

图 8-30 D 星蓄电池 1 2010—2020 年春影期电池温度变化

图 8-31 所示为 D 星的蓄电池 2010—2020 年春影期欧姆内阻平均值的变化情况。可见,欧姆内阻呈现线性增大趋势。拟合欧姆内阻数据可得到拟合直线公式为

$$R_0 = 0.001692 \cdot \text{year} - 3.3822 \quad (8-13)$$

欧姆内阻平均值每年的上升幅度大概为 1.7mΩ。欧姆内阻大小与材料、温度等信息有很大关系。随着电池温度升高,金属材料电阻率会提升,电解液电阻率会下降。电池放电深度增加以及材料性能的衰退也会引起欧姆内阻提升。如图 8-31 所示。2011 年欧姆内阻有一个较大上升,从 2010 年的 0.0506 内 Ω 增至 0.066Ω,结合图 8-30 中电池温度变化可知,其应是电极金属材料电阻率提升造成的。电池温度在 2011 年之后上升幅度很小,但欧姆内阻的上升趋势依然显著,这主要是电解液和电极材料性能衰退引起的。

图 8-32 所示为 D 星的蓄电池 1 2010—2020 年春影期极化电阻平均值的变化情况。可见,极化电阻可能出现一定的变化,但是其还会表现出上升的情况。拟

合极化电阻数据可得到拟合直线公式为

$$R_p = 0.004915 \cdot \text{year} - 9.221 \tag{8-14}$$

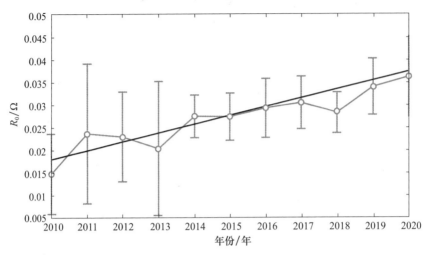

图 8-31　D 星蓄电池 1 2010—2020 年春影期欧姆内阻变化

极化电阻平均值每年的上升幅度大概为 4.9mΩ。电池温度升高的电解液扩散率，降低电化学和浓差极化作用，会引起极化电阻下降。但图 8-32 中，电池极化电阻出现了轻微上升，这一方面与蓄电池放电深度有关，蓄电池放电深度有一定增大趋势，图 8-29 说明放电深度增加引起极化电阻上升；另一方面应当是由电解液性能衰退，如电解质析出、化学活性降低等因素引起的。

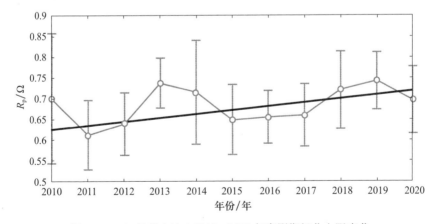

图 8-32　D 星蓄电池 1 2010—2020 年春影期极化电阻变化

图 8-33 所示为 D 星的蓄电池 1 2010—2020 年春影期极化电容平均值的变化情况。由图可见，极化电容总体呈下降趋势。拟合开路电压计算过程如下：

$$C_p = -25.67 \cdot \text{year} + 52343.8 \tag{8-15}$$

极化电容平均值每年的下降幅度大概为 25.67F。极化电容的下降主要是由于电池温度升高,极化效应减弱。与欧姆电阻和极化电阻变化不同,电池放电深度的增加导致极化电容的减小。因此,在温度上升和 SOC 减小的共同作用下,极化电容出现下降。

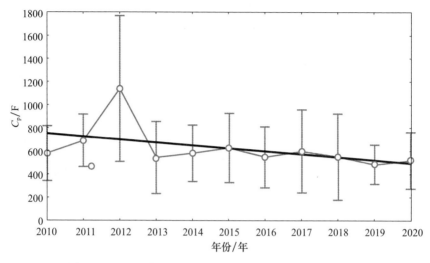

图 8-33　D 星蓄电池 1 2010—2020 年春影期极化电容变化

由上述分析可以看出,蓄电池的开路电压对温度升高非常敏感,极化电容也存在此种现象,而欧姆内阻显著上升则说明电池内部电极材料电解液具有衰退趋势。但由于欧姆内阻与极化电阻相比,量级较小,因此从蓄电池总体内阻看,性能衰退不会明显,这与前面对 D 星蓄电池 1 内阻的分析结论相近。

如表 8-4 所列为蓄电池 Thevenin 模型开路电压、欧姆内阻、极化电阻、极化电容参数以及电池温度之间的相关系数。可见,欧姆内阻与温度呈显著线性相关,开路电压主要和电阻大小有密切的关系,在电容以及电压方面相关的处理、极化电阻呈显著负相关。

表 8-4　D 星蓄电池 1 模型参数与温度的相关系数

参数	电池温度/℃	U_{oc}/V	R_0/R	R_p/R	C_p/F
温度	1.0000	0.4450	0.7354	0.1484	-0.2441
U_{oc}	0.4450	1.0000	0.3120	0.9245	-0.6313
R_0	0.7354	0.3120	1.0000	0.1132	-0.3249
R_p	0.1484	0.9245	0.1132	1.0000	-0.5614
C_p	-0.2441	-0.6313	-0.3249	-0.5614	1.0000

8.5.2 卫星 D 蓄电池 2 重要参数计算及评估

首先测试 D 星蓄电池 2 电流/电压相关参数进行参数辨识的可行性和适用性测试。选取了蓄电池 2 一次放电过程,时间为 2011 - 03 - 15 21:58:21—23:02:28,放电电流如图 8 - 34 所示,电流受数值分层影响较大。

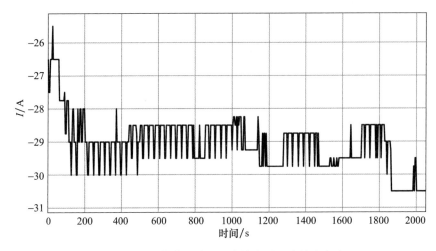

图 8 - 34　D 星蓄电池 2 一次放电过程中放电电流

基于放电电流和输出电压数据进行参数辨识后,在 Simulink 中进行了验证,得到仿真电压如图 8 - 35 中所示。可见总体上仿真值与实际输出电压趋势吻合。两者在仿真前期吻合很好,仿真后期差别增大。分析认为放电电流数值在前期下降显著,数值分层对辨识影响较小,而后期放电电流变化趋势不明显,不利于参数辨识,因此两电压在前期吻合较好。图 8 - 36 所示为仿真电压相对偏差的变化,总体误差在 2% 以内。

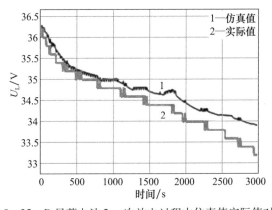

图 8 - 35　D 星蓄电池 2 一次放电过程中仿真值实际值对比

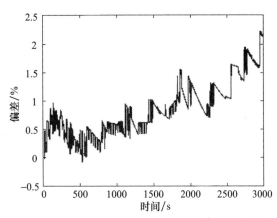

图 8-36 D 星蓄电池 2 一次放电过程中仿真电压相对偏差

研究选取 D 星蓄电池 2 在 2010—2020 年春影期电流/电压数据进行参数辨识,得到各参数平均值来说明蓄电池性能的变化,如表 8-5 所列。

表 8-5 D 星蓄电池 2 2010—2020 年春影期参数辨识结果

年份/年	分类	R_0/Ω	R_p/Ω	C_p/F	U_{oc}/V
2010	平均值	0.0506	0.5499	970.6	51.98
	方差	0.0189	0.0889	318.0	2.67
2011	平均值	0.0660	0.4807	780.2	50.83
	方差	0.0095	0.0813	294.5	2.51
2012	平均值	0.0658	0.5887	763.1	52.64
	方差	0.0109	0.0749	262.9	2.16
2013	平均值	0.0643	0.6688	734.1	55.21
	方差	0.0099	0.0940	323.1	2.72
2014	平均值	0.0444	0.9286	307.7	61.89
	方差	0.0068	0.0637	112.7	1.61
2015	平均值	0.0417	0.9326	264.5	62.07
	方差	0.0050	0.0940	85.1	2.61
2016	平均值	0.0425	0.8730	245.3	60.50
	方差	0.0077	0.0799	73.6	2.26

续表

年份/年	分类	R_0/Ω	R_p/Ω	C_p/F	U_{oc}/V
2017	平均值	0.0428	0.9209	278.7	61.95
	方差	0.0086	0.0687	89.5	1.94
2018	平均值	0.0477	0.8890	245.7	60.85
	方差	0.0064	0.0846	50.5	2.29
2019	平均值	0.0522	0.8949	347.8	61.62
	方差	0.0101	0.1077	125.8	3.05
2020	平均值	0.0554	0.8990	329.3	61.09
	方差	0.0051	0.1193	72.1	2.64

根据表8-5可以作图得到各模型参数随年度的变化。图8-37所示为D星蓄电池2在2010—2020年春影期开路电压平均值的变化。可见,与蓄电池1情况类似,开路电压呈现上升趋势,在2013—2014年有较大幅度提升,总体变化比蓄电池1更为明显。2014年之后开路电压变化较小。2010—2014年,开路电压从51.98V上升到61.89V,增加了近19.1%。

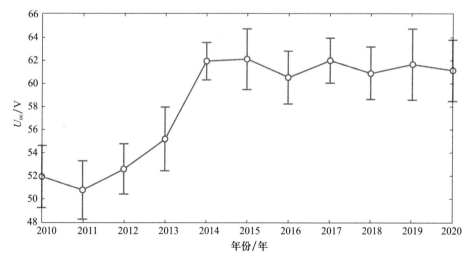

图8-37 D星蓄电池2 2010—2020年春影期开路电压变化

图8-38所示为D星的蓄电池2 2010—2020年春影期平均温度随年份的变化。由图可见,电池温度在2016年之前持续上升,温度2从2010年的-4.39℃上升到2016年的-3.98℃。电池温度在2016年之后波动变化。电池温度上升是

图 8-37 中开路电压增加的主要原因,与蓄电池 1 情况类似。

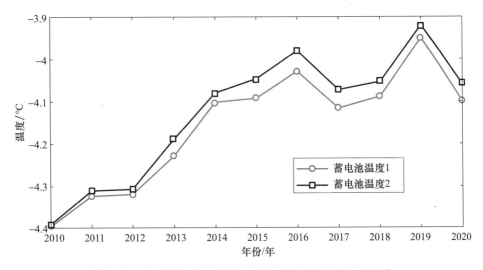

图 8-38　D 星蓄电池 2 2010—2020 年春影期电池温度变化

图 8-39 所示为 D 星蓄电池 2 2010—2020 年春影期欧姆内阻平均值的变化情况。蓄电池 2 欧姆内阻总体高于蓄电池 1 的值,蓄电池 2 欧姆内阻大致比蓄电池 1 高 2 倍。其欧姆内阻呈现波动变化,2010—2011 年有大幅增大,是由电池放电深度增大引起的,2011—2015 年逐渐下降,是由于温度逐渐上升,引起电解液电阻率下降;2015 年之后温度波动较小,欧姆内阻逐渐增大,应当是电池材料性能衰退引起的。

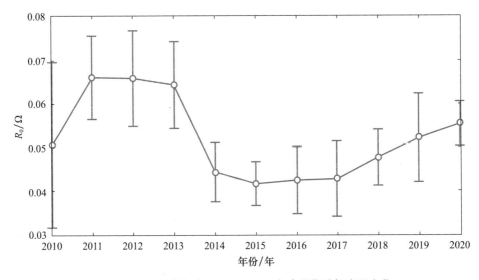

图 8-39　D 星蓄电池 2 2010—2020 年春影期欧姆内阻变化

图8-40所示为D星蓄电池2 2010—2020年春影期极化电阻平均值的变化情况。极化电阻与开路电压变化情况非常相似,相关性很强,在2013—2014年有大幅提升,总体呈上升趋势。对比参考蓄电池1极化电阻的变化,蓄电池2极化电阻主要受放电深度和电池材料性能衰退的影响。

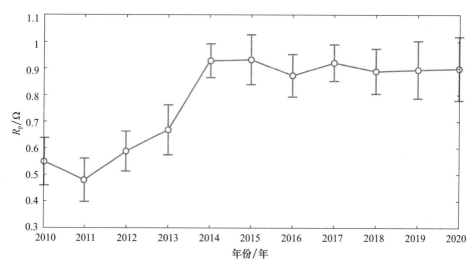

图8-40　D星蓄电池2 2010—2020年春影期极化电阻变化

图8-41所示为D星蓄电池2每年春影期极化电容平均值的变化情况。可见,极化电容总体呈下降趋势,与蓄电池1情况相似。极化电容的下降主要是由于电池温度升高,极化效应减弱。

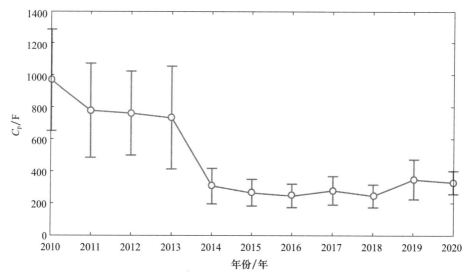

图8-41　D星蓄电池2 2010—2020年春影期极化电容变化

由上述分析可知,对于蓄电池2,温度升高引起了开路电压升高和极化电容的减小。从极化电阻的变化看,蓄电池2性能同样具有一定的性能衰退趋势。

表8-6所列为D星蓄电池2Thevenin模型开路电压、欧姆内阻、极化电阻、极化电容参数以及电池温度之间的相关系数。可见,模型参数与温度之间相关性较强,开路电压、极化电阻、极化电容与温度强相关,电阻的大小和温度息息相关。开路电压以及极化电容、极化电阻相关性强,这与蓄电池1情况相似。

表8-6　D星蓄电池2 Thevenin模型参数与电池温度的相关系数

参数	电池温度	U_{oc}	R_0	R_p	C_p
电池温度	1.0000	0.9151	-0.5949	0.8997	-0.9133
U_{oc}	0.9151	1.0000	-0.7668	0.9980	-0.9556
R_0	-0.5949	-0.7668	1.0000	-0.7700	0.7174
R_p	0.8997	0.9980	-0.7700	1.0000	-0.9518
C_p	-0.9133	-0.9556	0.7174	-0.9518	1.0000

8.6　小结

本章针对在轨卫星蓄电池充放电动态特性,提出了利用Thevenin模型进行仿真与参数识别,并在Simulink仿真环境中进行了参数识别结果的验证,对模型的适用方法进行了测试,得出为降低遥测数据扰动的影响,达到最佳参数辨识效果,应选择蓄电池长时放电阶段的放电电流/电压数据进行辨识的结论。利用模型的辨识参数,建立了针对某高轨卫星D蓄电池性能的长期评估方法。

参考文献

[1] PEREIRA D J, FERNANDEZ M A, STRENG K L, et al. Accounting for Non-Ideal, Lithiation-Based Active Material Volume Change in Mechano-Electrochemical Pouch Cell Simulation[J]. Journal of The Electrochemical Society, 2020, 167:080515.

[2] WANG J, LIU P, HICKS-GARNER J, et al. Cycle-life model for graphite-LiFePO$_4$ cells[J]. Journal of Power Sources, 2011, 196(8):3942e8.

[3] FORGEZ C, DO DV, FRIEDRICH G, et al. Thermal modeling of a cylindrical LiFePO$_4$/graphite lithiumion battery[J]. Journal of Power Sources, 2010, 195(9):2961e8.

[4] 梁新成,张勉,黄国钧. 基于BMS的锂离子电池建模方法综述[J]. 储能科学与技术,2020,9(6):1933-1939.

第9章
基于 Rint 模型的卫星蓄电池内阻评估方法

9.1 蓄电池内阻

蓄电池内阻,主要是指蓄电池工作时电流所遇到的阻力。电池类型不同,会使电池内部化学反应出现不同的情况,最后其内阻也不同。其内阻与相关参数有很大关系,一般的出厂值很小,只有毫欧姆的数量级。但随着使用时间的积累,内阻值会逐步增长,当达到蓄电池内部电流无法流动,电量释放受到阻滞时,蓄电池寿命即接近尾声。所以,内阻在一定程度上决定了蓄电池的可用周期,是蓄电池的关键参数。可用不同阶段内阻的大小来评估蓄电池的健康状态,分析其电力传输能力,进而预测整个系统剩余寿命。

卫星在轨运行中,频繁的充放电会消耗蓄电池内的电解质溶液、降低化学组成活性成分,不当使用更是会造成蓄电池减寿,与理论设计寿命相差很大。通过对蓄电池内阻的估计来评估蓄电池甚至整个电源分系统的健康状态具有很高的实用价值。一般使用直流放电法或者交流压降法来对内阻进行测量,测量精度可达 ±5%。然而与在地面运行的电力系统不同,空间环境中运行的卫星无法通过外接精密专业仪表对内阻进行测量。

直流放电内阻测量法是利用测试设备让电池在短时间内强制通过一个很大的恒定直流电流,测量此时电池两端的电压,并按公式 $R = U/I$ 计算出当前的电池内阻。该方法只能测量大容量电池,对小容量的电池内阻无法进行测量,并且大电流通过电池时对电池内部的电极有一定损伤。交流压降内阻测量法是给电池施加一个固定频率和固定电流,然后对其电压进行采样,经过整流、滤波等一系列处理后通过运放电路计算出该电池的内阻值。该方法几乎可以测量所有的电池,包括小容量电池,但是测量精度很可能会受到纹波电流的影响,同时还有谐波电流干扰的可能。

混合脉冲测试试验(HPPC)是一种常用的电池模型参数测试方法,测试在等间隔 SOC 点进行,在不同 SOC 之间使用大电流恒流充放电完成试验点对切换。基于电池动态模型输出方程,运用多元线性回归方法识别模型参数。

目前,对内阻估算的研究,大多数在理论阶段,试验室建模测试或电池组外加辅助设备进行内阻估算,但在蓄电池使用过程中不能外加测量设备进行测量,所以无法在线估算出蓄电池内阻,而在电池均衡控制系统的实际应用中有必要在线估算出电池的内阻值。鉴于内阻参数的重要意义,对其进行在轨趋势估算,对蓄电池的延寿管理即预测卫星寿命周期具有重要意义。

9.2 基于 Rint 模型的蓄电池内阻计算

9.2.1 卫星蓄电池 Rint 模型

以电池放电方向为参考方向,放电电流 $i(t) > 0$,充电电流 $i'(t) < 0$。$0 \sim t_2$ 时间内电池放电,t_2 主要是指充电时间,相关电流变化如图 9-1 所示。

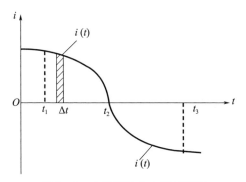

图 9-1 电池充放电电流示意图

由图 9-1 可知,在 $t_1 \sim t_2$ 这段时间内,电池放电,每隔 Δt 分别为 i_1、i_2、i_3、…、i_n,n 为放电电流采样数量,当 $\Delta t \to 0$ 时,极限 $\lim_{\Delta t \to 0} \sum_{k=1}^{n} i_k \cdot \Delta t$ 存在,则 $i(t)$ 在 $[t_1, t_2]$ 上可积,即

$$\int_{t_1}^{t_2} i(t) \, dt = \lim_{\Delta t \to 0} \sum_{k=1}^{n} i_k \cdot \Delta t \tag{9-1}$$

可知 t_1 到 t_2 这段时间内,电容 C 上的电荷变化量为

$$\Delta Q_1 = \int_{t_1}^{t_2} i(t) \, dt = \lim_{\Delta t \to 0} \sum_{k=1}^{n} i_k \cdot \Delta t = (i_1 + i_2 + \cdots + i_n) \cdot \Delta t \tag{9-2}$$

当时间是 $t_2 \sim t_3$ 相关时间范围,电池如果处于充电状态,间隔 Δt 的时间会进行工作,可知 i'_1、i'_2、i'_3、…、i'_m,m 为充电电流采样数量,当 $\Delta t \to 0$ 时,同样有

$$\int_{t_2}^{t_3} i'(t) \, dt = \lim_{\Delta t \to 0} \sum_{k=1}^{m} i'_k \cdot \Delta t \tag{9-3}$$

可知 $t_2 \sim t_3$ 时间范围内,电容 C 上的电荷变化量为

$$\Delta Q_2 = \int_{t_2}^{t_3} i'(t) \mathrm{d}t = \lim_{\Delta t \to 0} \sum_{k=1}^{m} i'_k \cdot \Delta t = (i'_1 + i'_2 + \cdots + i'_m) \cdot \Delta t \quad (9-4)$$

若 $(i_1 + i_2 + \cdots + i_n) = |i'_1 + i'_2 + \cdots + i'_m|$,即 $(i_1 + i_2 + \cdots + i_n + i'_1 + i'_2 + \cdots + i'_m) \cdot \Delta t/(m+n) = 0$,则由 $t_1 \sim t_2$ 时间电容 C 上的电荷变化量 ΔQ_1 与 $t_2 \sim t_3$ 在电容方面的处理,可得 ΔQ_2,可知:

$$\Delta Q_1 = \Delta Q_2 \quad (9-5)$$

t_1 时刻电容 C 上的电荷 Q_1 与 t_3 时刻的电荷 Q_2 相等,即

$$Q_1 = Q_2 \quad (9-6)$$

由电容原理公式 $C = \dfrac{Q}{U}$ 可知

$$C = \frac{Q_1}{U_{C_1}} = \frac{Q_2}{U_{C_2}} \quad (9-7)$$

将式(9-6)代入式(9-7)可得 $U_{C_1} = U_{C_2}$。t_1 时刻,放电电流为 I_1,则电池两端电压为

$$U_1 = U_{C_1} + I_1 R_0 \quad (9-8)$$

t_3 时刻,充电为电流 I_2,则电池两端电压为

$$U_2 = U_{C_2} - I_2 R_0 \quad (9-9)$$

由式(9-8)和式(9-9)可以计算得到电池内阻为

$$R_0 = \left| \frac{U_2 - U_2}{I_1 + I_2} \right| \quad (9-10)$$

从以上计算过程可知,R_0 计算结果实际为电池由放电转为充电时刻前后的电池内阻。实际上,由于电池内阻的影响因素众多,主要完成充放电管理操作,其内阻会出现变化情况。但在内阻计算时如果选取的参考时刻是相同的,那么一系列的内阻计算结果就具有对比意义。

9.2.2 Rint 模型算法验证

在 MATLAB 平台上完成算法编写,结合其方法完成验证,绘制图示,并进行分析,针对算法的计算结果进行重点分析。

结合图 9-2 Rint 模型的电路电池两端电压(负载电压)U_L 与电流 I 得出:

$$\frac{\mathrm{d}U_L}{\mathrm{d}t} = \frac{I}{C} - \frac{\mathrm{d}I}{\mathrm{d}t} \cdot R_0 \quad (9-11)$$

如式(9-11),在 Simulink 构建的仿真模型的输入为电流 I,输出为负载电压 U_L。

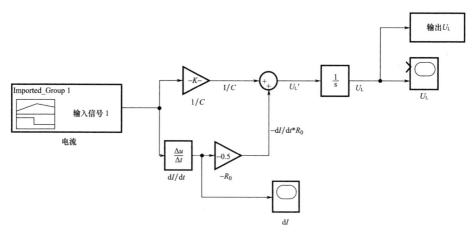

图9-2 Simulink构建Rint仿真模型

结合相关的仿真处理电路能够得到Buck电路在充放电处理过程,MOSFET在可以使用开关完成关闭或者连接操作,并可以完成充电或者放电处理时,在步骤上可以予以简化操作,考虑一个简单的充放电过程:采用余弦函数cost生成的电流数据来模拟充放电电流数据,如图9-3所示,数据采样间隔为0.01s,电流在1.57s过零点,也就是从放电变为充电。

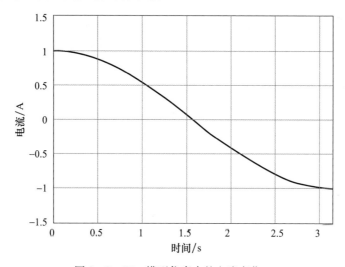

图9-3 Rint模型仿真中的电流变化一

设置仿真时长为3.14s,电容值C=2000F,蓄电池内阻$R_0=0.5\Omega$,蓄电池端电压U_L初始值为2V,计算得到U_L输出如图9-4所示。由图可见,随着电池由放电变为充电,电压在逐渐上升,符合蓄电池特性。选取$t=1.07s$到$t=1.57s$内电流数据,按照式(9-2)进行计算,得到放电电荷$\Delta Q_1=0.1228C$。按照前述方法,找

到充电电流时刻 $t=2.07s$,得到 $t=1.57s$ 到 $t=2.07s$ 内电荷为 $\Delta Q_2 = 0.1220C$, $\Delta Q_1 \approx \Delta Q_2$。由于数据离散化,只能找到两个电荷近似相等的时间点,作为计算参考点,这种方法误差非常小。

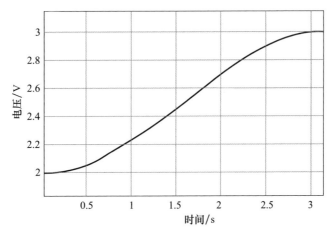

图 9-4 Rint 模型仿真中的电池端电压变化一($R_0 = 0.5\Omega$)

考虑另一个稍复杂情形:采用函数 $\cos(2(t+\pi)) + \sin(3(t+\pi))$ 生成的电流数据来模拟充放电电流数据,如图 9-5 所示,数据采样间隔为 0.001s,电流在 0.314s 过零点。设置仿真时长为 1.0s,电容值 $C = 2000F$,蓄电池内阻 $R_0 = 8.0\Omega$,蓄电池端电压 U_L 初始值为 2V,计算得到 U_L 输出如图 9-6 所示。选取 $t=0.3s$ 到 $t=0.314s$ 内电流数据,按照式(9-2)进行计算,得到放电电荷 $\Delta Q_1 = 2.9048 \times 10^{-4}C$。按照前述方法,找到充电电流时刻 $t=0.328s$,得到 $t=0.3s$ 到 $t=0.328s$ 内电荷为 $\Delta Q_2 = 2.8779 \times 10^{-4}C$,$\Delta Q_1 \approx \Delta Q_2$,误差为 0.25%。以上两个算例验证了模型的准确性。

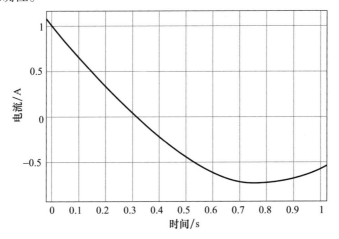

图 9-5 Rint 模型仿真中的电流变化二

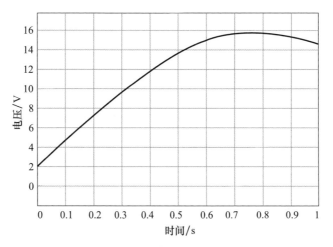

图9-6 Rint模型仿真中的电池端电压变化二($R_0=0.5\Omega$)

9.3 某高轨卫星电源内阻计算结果及分析

9.3.1 计算可行性分析

以某高轨卫星C某日一段充放电过程为例,如图9-7所示,卫星从22:14:38开始放电(数值为负),23:23:14结束(记为t_2),充电从22:21:14开始(记为t_2')。参考9.2节中理论分析,由于在卫星充放电过程中找不到电流过零点,也就是放电向充电变换的点,需要将t_2和t_2'均当作零点。因此,在本章中将计算过程划分成两个阶段:计算$t_1 \sim t_2$时间内的放电量Q_1,时间t_1取t_2之前3min的时间点;寻找时间点t_3,使得$t_3 \sim t_2'$对充电量$Q_2 = Q_1$。记蓄电池电压为$U_L(t)$,也就是负载电压,放电电流为$I_d(t)$(负数),充电电流为$I_c(t)$由式(9-10)可得蓄电池内阻R_0:

$$R_0 = \left| \frac{U_L(t_3) - U_L(t_1)}{I_d(t_3) + I_c(t_1)} \right| \qquad (9-12)$$

该卫星电源分系统参数序列的采样间隔大约为4s,充电、放电和电池电压参数的采样点一致,具备内阻计算的可行性。

采用氢镍电池,以氢氧化镍为正极、储氢(MH)合金为负极,氢氧化钾水溶液做电解液。氢镍电池在温度0~20℃能够得到较好的效果。电池内阻主要可以结合极化电阻等情况考虑组成,其电阻也是通过欧姆定律进行计算的,在电池内部会进行化学反应,电极电位相对于平衡电位偏离引起的电阻。温度较高时,随着电解粒子等变化,使其出现一定的浓度差值,在电阻方面也出现下降的情况,电解液也会出现一定比例的变化,虽然电极金属材料电阻会随温度上升而增加,但密度较小。同时,电池内部产生的焦耳热被电池吸收,直接影响温度。因此,在进行蓄电池内阻分析时,还要考虑电池温度和焦耳热的相互影响。

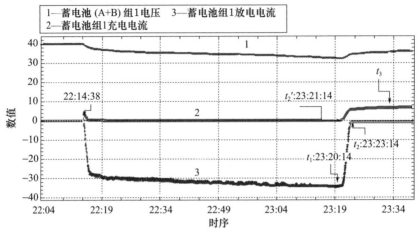

图 9 – 7　某高轨卫星 C 2018 – 03 – 14 一段充放电过程的参数变化

9.3.2　某高轨卫星蓄电池 1 内阻分析评估

从 2010 年开始收集该卫星蓄电池 1,从相关的电流充放电数据,以及和温度相关的数据信息,图 9 – 8 所示为 2010—2018 年,该卫星蓄电池内阻(红色线)和温度(蓝色线)的变化过程。每个点代表一次充放电过程计算得到的内阻,温度点取充放电过程中的平均值。由于该卫星在每年的春季(3—4 月)和秋季(9—10 月)会经历一段循环的充放电时期,因此内阻和温度数据随春秋季出现周期性变化。大致上看,内阻随着时间增长没有出现显著的上升或下降趋势。

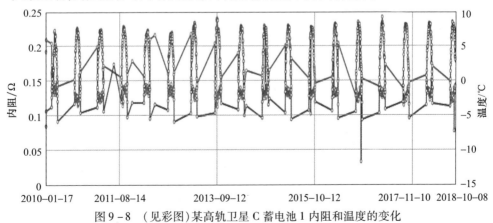

图 9 – 8　(见彩图)某高轨卫星 C 蓄电池 1 内阻和温度的变化

图 9-9 所示为该卫星蓄电池 1 在 2011 年春季内阻和温度的变化,可以明显看出温度与内阻之间的关系。在前期,如果电池温度过高,其阻力会有所降低,而在后期,由于电池温度的逐渐降低,内阻出现了阻值增大的趋势,两者具有明显的负相关性。蓄电池 1 温度处在 8℃ 以下,而相关文献指出氢氧化钾电解液在 18℃ 左右电阻率达到最小值,结合卫星的实际工作温度考虑,如果温度变高,则内阻会有所降低。图 9-10 所示为蓄电池 1 放电、充电电流和温度参数随时间的变化,可以明显看出每个充放电周期的温度峰值呈现先增大后减小趋势,放电电流(绝对值)的峰值也有这样的趋势,充电电流峰值则基本保持不变。

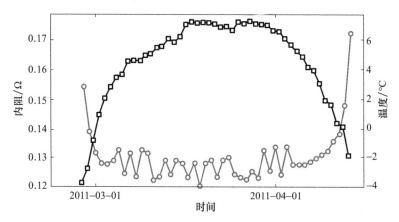

图 9-9 某高轨卫星 C 蓄电池 1 在 2011 年春季内阻和温度变化

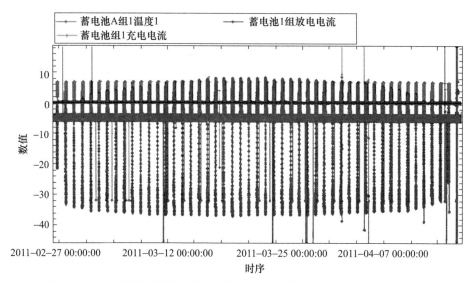

图 9-10 (见彩图)某高轨卫星 C 蓄电池 1 一个典型影季内电流与温度变化

出现图 9-9 这种变化的原因需要结合电池充放过程特征来说明,分析如下。

对电池每次放电时长和放电电流平均值作图,如图9-11中所示。由图可见,放电时长和放电电流(绝对值)均随时间先增大后减小。放电时长和电流值的增加,都将导致电池产生的焦耳热增多,因此在进入一个影季的前期,在充放电时,会进行放热,也就是的温度上升,内阻出现降低情况。而在后期,放电时长和电流值均减小,电池产生的焦耳热减少,温度下降、内阻升高。另外,研究内阻计算中参考的时间原点正是温度出现峰值时(放电结束),此时计算得到的内阻相当于整个放电过程中的最小值,因此受温度变化的影响更显著。总体上,图9-9中电池内阻和温度的变化规律符合氢镍电池机理。

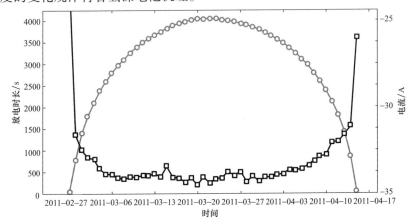

图9-11 某高轨卫星C蓄电池1放电时长和放电电流均值在一个典型影季内阻变化

取某高轨卫星C蓄电池1每年春影期的内阻和温度结果,计算平均值,得到每年的内阻平均值随年份的变化如图9-12所示。可见随着时间增加,内阻平均值在2013年之前出现明显的下降趋势,在2013年之后变化幅度较小。黑色直线为拟合结果,得到平均值与年份的关系式为

$$\overline{R_0} = -6.338 \times 10^{-4} \cdot \text{year} + 1.411 \quad (9-13)$$

由此可见,拟合直线变化系数非常小。与2018年的内阻平均值相比2010年下降了0.013Ω左右(8.9%)。

图9-13所示为春影期温度平均值随年份的变化,总体呈现上升趋势。温度出现上升的原因同样是蓄电池放电时间和放电电流值逐年增大。图9-14所示为每年春影期每次充放电的平均时长和电流均值随年份的变化,可见,2010—2011年,每次充放电过程放电平均时长丛3090s左右提升到3098s,而放电电流平均从-28.81A增至-33.39A。

与内阻的变化类似,温度平均值在2013年之后没有太显著的上升趋势。拟合直线公式为

$$\overline{\text{Temp}} = 0.321 \cdot \text{year} - 640.55 \quad (9-14)$$

相比于内阻的变化,温度平均值随年份变化较为明显,2018年的值比2010年

提高了3.8℃左右。总体可见电池温度上升,内阻下降,这与图9-9中内阻前期的变化规律相吻合。

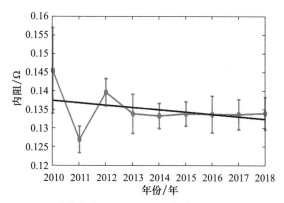

图9-12 C星蓄电池1 2010—2018年春影期内阻平均值变化

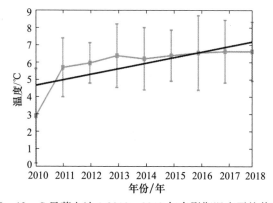

图9-13 C星蓄电池1 2010—2018年春影期温度平均值变化

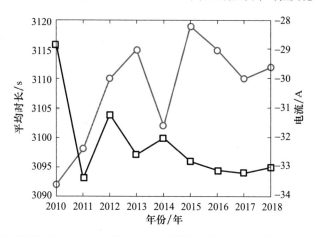

图9-14 C星蓄电池1 2010年到2018年春影期每次充放电平均时长和平均电流值

9.3.3　某高轨卫星蓄电池 2 内阻分析评估

收集 C 星蓄电池 2 从 2010 年到 2018 年的充放电电流、电压和温度数据，图 9-15 所示为 C 星蓄电池 2 内阻（红色线）和温度（蓝色线）的变化过程。与蓄电池 1 情况类似，大体上看，内阻随着时间增长没有出现显著的上升或下降趋势。

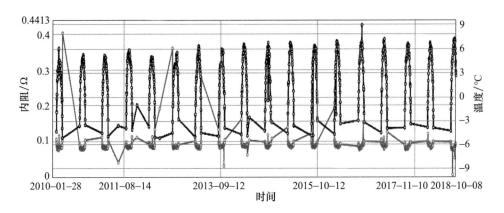

图 9-15　（见彩图）C 星蓄电池 2 内阻和温度的变化

取 C 星蓄电池 2 每年春影期的内阻和温度结果，计算平均值，得到蓄电池 2 每年的内阻平均值随年份的变化图如图 9-16 所示。可见随着时间增加，内阻均值出现缓慢上升趋势，黑色直线为拟合结果，得到平均值与年份的关系为

$$\overline{R_0} = 5.797 \times 10^{-4} \cdot \text{year} + 1.083 \qquad (9-15)$$

可见，拟合直线变化系数非常小。2018 年的内阻平均值相比于 2010 年上升了 0.0042Ω 左右（5.1%）。

图 9-17 所示为温度平均值（春影期）随年份的变化，总体呈现上升趋势。通过分析放电时长和放电电流值的变化得出，温度出现上升的原因同样是蓄电池放电时间和放电电流值增大，这里不再赘述。拟合直线公式为

$$\overline{\text{Temp}} = 0.274 \cdot \text{year} - 547.68 \qquad (9-16)$$

由式（9-16）能够知道，即使其温度可能会出现升高情况，也没有改变内阻增大的趋势，这一点与蓄电池 1 变化有所不同。分析认为，尽管卫星 C 蓄电池 2 整体温度升高会引起电解质溶液扩散率的提升，但这不足以抵消其性能衰退引起的内阻升高。这说明蓄电池 2 的性能出现了明显衰退现象。

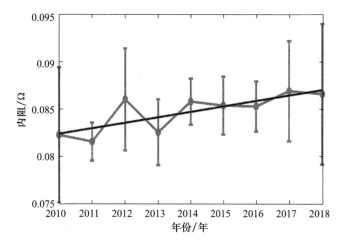

图 9-16　C 星蓄电池 2 2010—2018 年春影期内阻平均值变化

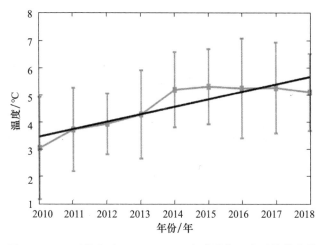

图 9-17　C 星蓄电池 2 2010—2018 年春影期温度平均值变化

9.4　某低轨卫星蓄电池内阻计算结果及分析

高轨卫星蓄电池组工作循环次数较少,以 C 星蓄电池为例,截至 2018 年底,充放电仅 855 次,加之温度影响,难以表现出显著的衰退趋势。因此,相比于高轨卫星,低轨卫星充放电频繁,应当更好地体现出衰退规律。本节使用在轨组网飞行的低轨 Ha 和 Hb 两颗卫星作为分析对象,两者均在轨超过 10 年,积累了巨大数量的充放电数据。

9.4.1 计算可行性分析

Ha 星一次充放电过程的参数变化如图 9-18 所示,放电电流、充电电流和电压数据采样频率一致,约 42s 有一个数据点。卫星从 2018-04-20 06:30:19 开始放电,07:03:55 结束(记为 t_2),同时开始充电至 07:43:07 结束。参考前面理论分析,时刻 t_2 为充放电转换的零点,放电电量计算起始 t_1 时刻取 t_2 时刻前 10min 左右对应的时刻,充电和放电电流值均设定为正值。但参数数据点较稀,低轨卫星数据噪声较大,计算结果会有较大波动。因此对于明显不合理的计算结果需要剔除。实际操作中通过设定放电量 ΔQ_1 和充电量 ΔQ_2 的相近程度来实现,本章设定条件:

$$\left| \frac{\Delta Q_1 - \Delta Q_2}{\Delta Q_1} \right| < 0.1 \tag{9-17}$$

如果一次充放电过程无法找到合适的 t_3 时刻保证放电量和充电量足够接近,则忽略本次计算。

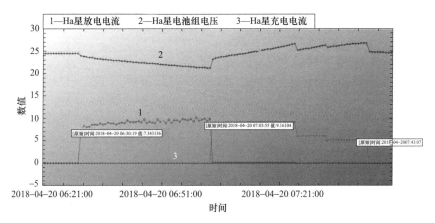

图 9-18 Ha 星一次充放电过程的参数变化

9.4.2 Ha 星蓄电池内阻分析评估

收集 Ha 星蓄电池 2010 年~2020 年的充放电电流、电压和温度数据。Ha 星每日充放电次数在 8 次左右,近 10 年的充放电次数接近 3 万次,性能上应当会出现显著衰退。图 9-19 所示为 Ha 星蓄电池内阻(红色线)和温度(蓝色线)的变化过程。温度值取放电向充电转换时刻前后 10min 的平均值。红色线为内阻数据拟合直线。由此可见,蓄电池内阻呈现明显上升趋势,而温度总体上在 6.5℃ 左右波动,无显著上升或下降现象。拟合内阻数据,得到内阻与年份的关系为

$$R_0 = 0.07067 \cdot \text{year} + 3.636 \times 10^{-14} \tag{9-18}$$

可得,蓄电池内阻每年平均上升 70.67mΩ 左右。2010—2020 年,内阻从 0.115Ω 左右上升到 0.131Ω 左右,增幅达 13.9%。

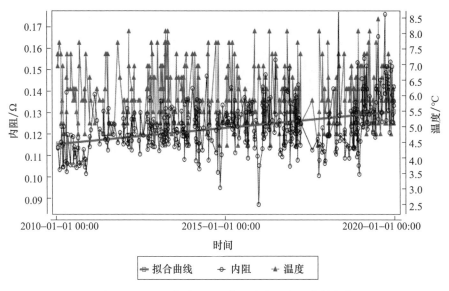

图 9-19　(见彩图)Ha 星蓄电池内阻和温度的变化

9.4.3　Hb 星蓄电池内阻分析评估

图 9-20 所示为 Hb 星蓄电池内阻(红色线)和温度(蓝色线)的变化过程。红色线为内阻数据拟合直线。可见,蓄电池内阻呈现明显上升趋势,而温度总体上也在上升。温度变化会对内阻有显著影响,大致分为了四个阶段:阶段 1,温度在 5.8℃ 附近波动,无显著增减趋势,内阻呈增大趋势;阶段 2,温度上升,内阻上升;阶段 3,温度升高,内阻下降;阶段 4,温度相对稳定,内阻相比于阶段 3 增大。拟合内阻数据,得到内阻与年份的关系为

$$R_0 = 0.0332 \cdot \text{year} + 6.503 \times 10^{-14} \quad (9-19)$$

由此可知,蓄电池内阻每年平均上升 33.2mΩ 左右。2010—2020 年,内阻从 0.116Ω 左右上升到 0.136Ω 左右,增幅达 17.2%。Hb 星电池内阻数据范围与 Ha 星的数据范围比较接近,均在 0.10~0.16Ω。

通过对高轨 C 系列和低轨 H 系列 2 颗卫星的内阻计算分析可知,前者电源受温度上升的影响,且使用次数较少,内阻普遍呈下降趋势,而后者电源性能衰退比较明显,内阻增幅较大。一方面温度上升对提高电池性能有积极影响,但也要监测电池温度是否会超过最佳工作温度或温控上限,给星上热控管理带来问题;另一方面对于内阻上升的蓄电池组,反映出性能衰退趋势,需要重点关注,定期评估其衰退水平,改善管理或使用方式。

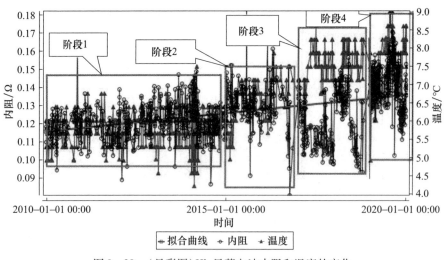

图9-20 （见彩图）Hb星蓄电池内阻和温度的变化

9.5 本章小结

本章基于Rint模型，根据在充放电过程中，电流反向会经过零点这一特点来估算蓄电池内阻，并对算法仿真验证。通过对某高轨卫星和某组低轨卫星的蓄电池内阻计算，证明该计算方法易于实现，具有一定的准确性和稳定性。然而Rint模型只能评价出电池内阻，无法对开路电压等其他电池性能参数做出评估，并且电阻计算是基于放电向充电转换点的，此刻处在放电末期，属于"准瞬态"评估。

参考文献

[1] 张卫平. 锂离子电池等效电路模型的研究[J]. 电源技术, 2014, 5: 1135 – 1138.

[2] SUN Y, MA Z L, TANG G Y, et al. Estimation method of state – of – charge for lithiumion battery used inhybrid electric vehicles based on variable structure extended Kalman filter[J]. 中国机械工程学报, 2016, 29(4): 717 – 726.

[3] QIANG J X, AO G Q, YANG L. Estimationmethod on the battery state of charge for hybrid electric vehicle[J]. Chinese Journal of Mechanical Engineering, 2008, 21(3): 20 – 25.

[4] 李义罡, 焦朋朋, 乔伟栋. 基于改进粒子群优化BP神经网络的弯道转向行为预测[J]. 公路交通科技, 2019, 36(10): 128 – 136.

[5] 荣雅君, 杨伟, 牛欢, 等. 基于BP – EKF算法的电动汽车电池管理系统SOC精准估计[J]. 电工电能新技术, 2015, 34(9): 22 – 28.

[6] 徐艳民. 基于BP – EKF算法的电池SOC估计[J]. 汽车技术, 2018, (2): 19 – 23.

第10章
基于最大功率点追踪技术的卫星同位素电源管理系统设计与性能评估

同位素电源管理系统是利用放射性同位素衰变成放射性元素裂变所释放的热能,通过热电转化装置变成电能的系统。同位素电源作为卫星能源具有许多优势:不受光照条件限制、可在辐射带内工作、可靠性高(纯固态转化部件)等。目前,空间用的热电转化装置有温差发电和热电子二极管两种,前者的应用范围更加广泛。温差发电技术在航天、工业和军事等领域有着长久的应用历史。苏联先后制造了1000多个放射性同位素温差发电器(radioisotope thermoelectric generator,RTG),广泛用于卫星电源、灯塔和导航标识,它们的平均使用寿命超过10年,可稳定地提供电压7~30V、功率80W的电能。对于遥远的太空探测器来说,放射性同位素供热的温差发电器是目前唯一的供电系统。1977年,NASA发射的"木星"探测器和"土星"探测器("旅行者"1号)上使用的RTG,输出功率高达155W,已稳定工作40多年,是目前飞的最远的人造飞行器。在美国设计的新一代航天器中,同位素温差发电器仍然是不可替代的电源分系统。中国的探月工程中,也初步使用了RTG。

单个温差发电模块的输出功率非常有限,为获得大功率的输出,需要更多的温差发电模块以串联或并联的形式连接,形成一定规模的热电堆。温差发电器作为一种发电设备,从热向电的转换只是其工作过程的第一步。由于热源和热沉的温度在实际工作过程中是不稳定的,因此温差发电器的输出功率较高时系统产生的电压、电流等是很不稳定的,需要相关的调理电路来对热电堆的输出进行滤波、整流、稳压,最大限度地利用能量和保证电路的可靠性,这样的电源调理电路称为电源管理系统(power management system,PMS)。电源管理的核心思路是通过对热电堆输出的调理使输入电能更加适应用电设备的电力需求,同时有效提高系统能量利用率和稳定性。对于一般的PMS而言,其输入是温差发电器输出的不稳定电能,而设备需要的电能一般为稳定的直流电。因此电源管理系统应包含最大功率点追踪(maximum power point tracking,MPPT)、DC/DC转换和储存电能等功能。综上所述,本章主要包括以下几点。

(1) 温差发电模块串/并联输出特性研究。研究串联、并联的方式和模块个数对热电堆输出功率、匹配负载和 $I-V$ 特性的影响。

(2) 基于最大功率点追踪技术的电源管理系统设计。热电堆总是存在一个最大功率点,最大功率点追踪的目的在于使热电堆的工作功率点向最佳功率点移动,最大限度地利用能量。

10.1 热电材料及其模块性能

10.1.1 多晶碲化铋基热电材料

在实际工作中采用机械合金 + 放电等离子体烧结法制备了多晶碲化铋基材料及其模块,详细的制备过程可参见作者前期发表的文献(F. Cheng et al., Energy 121 (2017) 545 – 560)。图 10 – 1 所示为多晶碲化铋基材料的塞贝克系数 α、热导率 λ、电阻率 ρ_Ω 和无量纲优值 ZT 随温度 T 的变化。由图可见,塞贝克系数(绝对值)随温度的增加而先缓慢增大后减小。这是由于随着温度升高,材料中载流子浓度基本不变,但散射效应逐渐增强,因此塞贝克系数会增大。而达到极值后,受本征激发的影响,塞贝克系数会随温度升高而减小。热导率随温度升高而先降低后增大,这是由于温度较低时晶格振动和声子散射随温度增加而增强,但当温度较高时,双极扩散效应显著,导致热导率随温度增加而增大。对于电阻率而言,由于温度升高晶格振动散射作用增强,载流子迁移率减低,会导致其随温度升高而增加。p 型和 n 型材料无量纲优值的最大值出现在 373K 和 423K 左右,分别为 1.13 和 1.02。

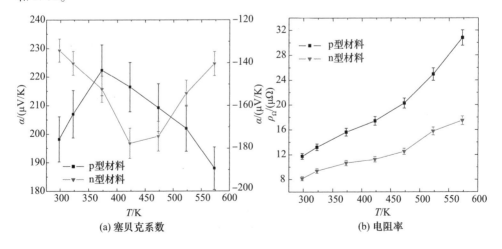

(a) 塞贝克系数　　　　　　　　　　(b) 电阻率

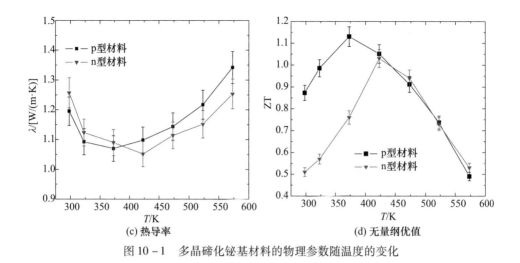

(c) 热导率 (d) 无量纲优值

图 10-1 多晶碲化铋基材料的物理参数随温度的变化

10.1.2 温差发电模块

热电材料与电极的连接方法有焊接法、烧结法。焊接法使用更加普遍,不同的热电材料需要与之相匹配的电极、焊条和阻挡层材料。对于低温应用(小于573K)的碲化铋基模块而言,通常的锡焊(软钎焊)是适合的。但直接将热电元件与电极(铜)焊接是不可行的,因为铜在低温条件下也能够迅速扩散到碲化铋基材料中。本书中的做法是先在热电元件两端分别镀一层薄镍(Ni 层厚度大于 $1\mu m$),然后将镍与铜电极焊接,如图 10-2 所示。l_e 和 w_e 分别表示热电元件的厚度和宽度,分别为 1.6mm 和 1.0mm,模块面积为 3cm×3cm,包含了 127 对 p-n 型热电元件。图 10-2 中只包含了 12 对 p-n 型热电元件用于示意目的。焊接前,最好对各焊接表面进行化学清洗,保证表面无杂质。受锡焊耐温的限制。本书中的温差发电模块最高工作温度在 483K 左右。

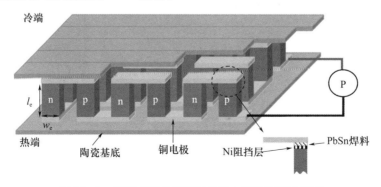

图 10-2 制备的碲化铋基温差发电模块构型示意图

10.2 热电堆输出性能试验测试系统

建立完善的温差发电输出性能测试系统,为温差发电系统功能研究和性能评估提供定量化手段,可用于测试输出功率、电压、电流、模拟温差发电系统工作过程,能够研究温度条件、温差发电模块构型、导热填充物选择和安装压力等因素的影响。本章建立了温差发电的输出性能测试系统,主要包含:比例-积分-微分(proportion - integration - differentiation,PID)控制的电加热板、可调负载、循环冷却单元、热成像装置、温度数据采集系统、电压数据采集系统和连接线路等,基本结构如图10-3所示。PID控制的电加热板用于模拟热源,控制精度±0.1K,温度范围:室温~773K。冷却系统包括水冷头、储水箱、流量计和流量阀等,采用冷却水做冷却剂,水冷头与温差发电模块贴装在一起,起到热沉的作用;控制冷却水流量可以在一定程度上控制热沉的温度。为保证温度的均匀性,电加热板和水冷头采用具有高热导率的紫铜制作。负载电阻可调范围0~100Ω,可调步长为0.1Ω。回路中的电流通过测量精密电阻(金属膜电阻,阻值0.2Ω,精度1%)两端的电压获得。

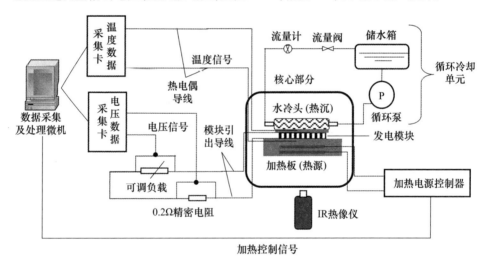

图10-3 温差发电的输出性能测试系统基本结构

10.3 热电堆输出特性

试验测试了由四个温差发电模块串联而成的热电堆在热沉温度 $T_0 = 298K$ 条件下的输出性能。图10-4所示为热电堆的最大输出功率相对值 $P_{4,\max}/P_{1,\max}$ 以

及最大输出功率 $P_{4,\max}$ 随温差 ΔT 的变化。图 10-5 所示为热电堆开路电压 $U_{4,oc}$ 和短路电流 $I_{4,s}$ 随温差 ΔT 的变化。温差 ΔT 范围为 60~150K，可见热电堆的最大输出功率随 ΔT 的增加呈线性变化，拟合直线公式为

$$P_{4,\max} = -3.098 + 0.07937 \cdot \Delta T \qquad (10-1)$$

四个模块串联而成的热电堆的最大输出功率约为单个模块的 3.9 倍。从图 10-5 可见，开路电压和短路电流均随温差的增加而线性增加，热电堆的开路电压 11.43~28.82V，在所研究温差范围内，短路电流为 0.46~2.31A，开路电压随温差变化的拟合直线公式为

$$U_{4,oc} = 0.5287 + 0.1884 \cdot \Delta T \qquad (10-2)$$

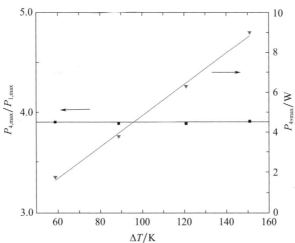

图 10-4 热电堆最大输出功率及相对值随温差的变化

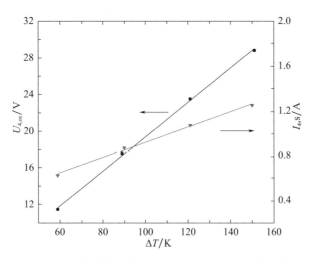

图 10-5 热电堆开路电压和短路电流随温差的变化

10.4 电源管理系统设计

10.4.1 系统设计方案

主要有两种思路:一是用稳压电路直接对热电堆输出进行稳压和调理,然后接入负载,这种方法结构简单,使用方便,但不能保证热电堆输出的功率时刻保持最大,并且易受干扰,波动较大时将失效;二是在热电堆向负载输出功率之外,增加一个储能部件,设计浮充电路,当热电堆输出功率大于负载所需功率时,将同时对储能元件充电及对负载供电,而如果热电堆失效或者输出功率不足,储能部件将作为辅助电源持续为负载供电,从而提高系统工作的稳定性。本章采用第二种思路。电源管理系统框图如图10-6所示。在系统的组成上,大致可以分为DC/DC(直流-直流)变换器、MPPT调理电路和储能元件三部分,而DC/DC变换与MPPT调理电路集成在一起设计更方便。黑色箭头为功率的流动方向,蓝色箭头所示为采样和控制信号的方向。二极管起到防反充、保护上一级元件的作用。储能元件本章选择成本较低、技术成熟的铅酸蓄电池。研究中需要采用容量较大的电池,避免电池在短时间内到达充满状态,以满足长时间试验要求。最终采用了USAOK公司的UD38-12型铅酸蓄电池,其额定电压为12V,容量为38A·h。

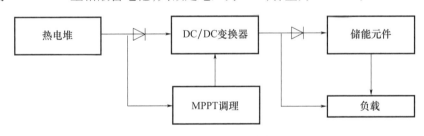

图10-6 电源管理系统框图

10.4.2 DC/DC变换电路

只有当负载电阻与热电堆内阻相匹配时,才能获得最大输出功率。在这种情况下,负载两端的电压约为热电堆开路电压的一半。对于实际用电设备,很难保证这样的状态。用电设备可能需要的功率较小,但额定电压较大。这将使小功率的热电堆输出电压难以直接应用。因此,需要将热电堆产生的大电流小电压变换为小电流大电压输出。实现这样的功能需要DC/DC变换器。DC/DC变换器的工作原理是通过调节控制开关,将一种持续的直流电压变换成另一种(固定或可调的)

直流电压,其中需要二极管起续流的作用,LC电路用来滤波。而控制开关的性能也将直接决定整个电源管理系统的性能指标。目前,通常采用MOSFET(metal-oxide-semiconductor field-effect transistor)开关管。高稳定性的MOSFET管需要从国外进口,综合考虑系统加工周期和复杂性,研究中选用了额定参数较低、稳定性好的CSD88539ND型(texas instruments®)开关管,额定工作电压60V、最大电流46A。这是一种方波型变换器,采用脉冲宽度调制(PWM)即控制信号的脉冲周期固定,脉冲宽度可调。

本书中采用升降压式DC/DC变换器,它的输出电压既可低于输入电压也可高于输入电压,但其输出电压的极性与输入电压相反。升降压式变换器的主要优点是电路简单、电压变化范围大,但其输入、输出电流皆有脉动。根据MOSFET开关管的额定电压参数,本节中设计DC/DC变换器输入电压范围为15~60V,输出电压稳定在12V。图10-7所示为升降压式变换器电路的基本结构,开关S是其核心部分,电容C_1、C_2和电感L_2起滤波作用,二极管起稳压作用,负载电阻为R,输入电压为U_{in},输出电压为U_0。此外还需有过流、过压保护等器件。开关S需要通过PWM电路来控制开关占空比,达到调整输出电压的目的。当开关S导通时,电压源U_s开始向电感L供电使电感储存能量,此时通过电感的电压为$U_L = U_{in}$;当开关S截止时,电感L中储存的能量向负载R释放,电源不向电路提供能量。假设电容量很大,可以形成一个恒定的输出电压。

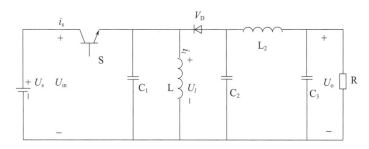

图10-7 Buck-Boost DC/DC变换电路

当电路进入稳态后,一个周期内电感L两端电压U_L对时间t的积分为0,即

$$\int_o^t U_L \mathrm{d}t = 0 \tag{10-3}$$

当S导通时,$U_L = U_{in}$,当S截止时,$U_L = -U_0$,可得

$$U_{in}t_{on} - U_0 t_{off} = 0 \tag{10-4}$$

式中:t_{on}和t_{off}分别为开关导通和截止的时间。记开关S的占空比为D,得到输出电压与输入电压关系为

$$\frac{U_0}{U_{in}} = \frac{D}{1-D} \quad (0 < D < 1) \tag{10-5}$$

10.4.3 最大功率点追踪算法和系统结构

最大功率点追踪是电源管理系统的重要功能,最常采用的是扰动观察法、电导增量法、纹波控制法、自适应法等。前两种方法简单易行,但是存在稳态振荡和动态性缓慢等缺点。自适应法采用可变步长,可以克服以上缺点,但算法较为复杂,实现难度大。综合考虑各种方法的优缺点和实现难度后,本章中采用了较为简单的扰动观察法。扰动观察法原理是通过周期性地扰动热电堆的输出电压值(V),扰动方式为固定步长地增加($V+\Delta V$)或者减小输出电压值($V-\Delta V$),再比较扰动前后的功率变化。如果热电堆输出功率 P 增加,则表示扰动方向正确,调整 DC/DC 电路中开关管占空比,使得电压 V 朝同一个方向扰动;如果输出功率减小,则向相反方向扰动。通过不断的扰动使热电堆输出功率趋于最大,此时有 $dP/dV=0$。即使追踪已经达到最大功率点附近,扰动也不会停止,系统将工作于动态平衡状态。扰动观察法原理清晰、容易实现,需要测量的参数较少。由于扰动过程的存在,其缺点是输出带有一定波动,导致一些功率的损失。追踪过程中的搜索步长需要合理设置,这与控制电路的开关管、A/D 转换器和微处理器工作频率有关,如果处理器工作频率较高,则搜索步长可以设置较小,有利于保证系统精度和稳定性。扰动观察法的程序处理过程需要在微处理器中实现,采用了 PHILIPS 公司的 LPC1313 型 32 位处理器,其 CPU 频率 72MHz、静态内存 8kB。

扰动观察法的程序流程如图 10-8 所示。开关管占空比调整步长为 D_s(取当前占空比 D 值的 1%),记 K 时刻采样得到的电压和电流值分别为 $U(K)$ 和 $I(K)$,得到热电堆输出功率为 $P(K)$,如果 K 时刻功率大于上一时刻,并且输出电压在减小,则减小占空比 D 继续降低输出电压,反之则增加 D;如果 K 时刻功率小于上一时刻,同时输出电压在增大则减小 D 以提升输出电压,反之则增加 D。

综合升降压 DC/DC 变换电路的结构以及最大功率点追踪的实现算法,最终设计的电源管理系统电路结构如图 10-9 所示,电路板实物如图 10-10 所示。系统的工作电压为 15~60V;负载的输出电压设计为 12V,最大输出电流为 10A;将电池的充电电压设计为 12V。系统工作效率需要通过试验测试得到。在图 10-9 的电路系统中,红色箭头所示为采样信号流向,蓝色箭头所示为控制信号流向。系统需要有一对输入端(热电堆输入)、两对输出端(蓄电池和负载)。系统主体为升降压 DC/DC 变换电路,接收热电堆电能输入以及输出到蓄电池和负载,同时接收控制信号达到调节输入/输出电压的效果;高分辨 A/D 转换电路用于采集电路中的参数,需要采集的数据包括:热电堆输出电压、电流,蓄电池两端电压和充电电流,输出到负载的电流,电流的采集通过测试 0.5Ω 碳膜电阻(R_1、R_2 和 R_3)两端的电压实现;经过 A/D 转换后的数字信号由 LPC1313 微处理器进行处理,实现扰动观察算法中的程序计算;微处理四路输出信号经过晶体管放大后,成为 PWM 控制信号,控制四个 MOSFET 管的占空比。此外电路中还需要有时序同步控制和状态指示灯等部件。记带有电源管理系统时热电堆的输出功率为 P_{MPPT},蓄电池的充/放电功率为 P_{charge},负载功率为 P_{load}(图 10 – 10)。

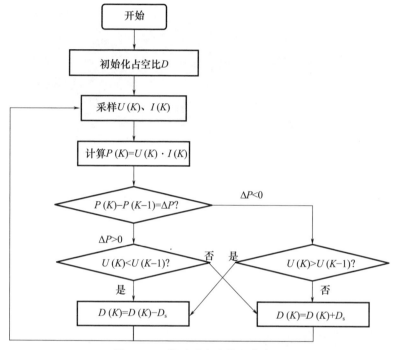

图 10 – 8　扰动观察法的程序流程

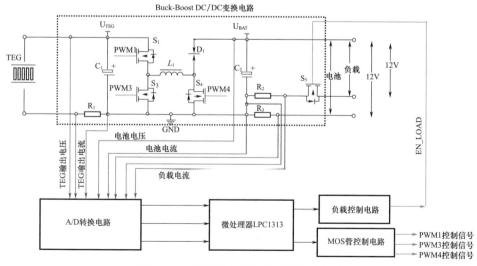

图 10 – 9　电源管理系统电路结构示意图

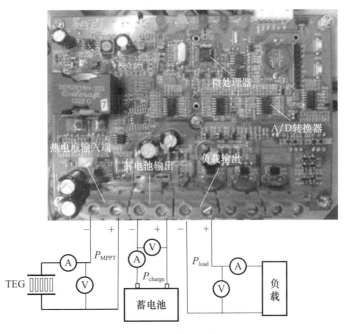

图 10-10 电源管理系统电路板实物及连接方式示意图

10.5 测试结果与分析

采用 10.4 节中四个模块串联而成的热电堆,其开路电压可达 28V、短路电流小于 1.26A,满足本节中设计的电源管理系统的输入指标。定义系统的工作效率 φ 为相同温度条件下,经过电源管理系统调理后的输出功率 P_{MPPT} 与不带负载时热电堆最大输出功率 P_{max} 的比,即

$$\varphi = \frac{P_{MPPT}}{P_{max}} \tag{10-6}$$

为了方便试验过程、减少测试参数,测试中将不带负载,热电堆输出功率除一部分给蓄电池充电外,还有一小部分被电源管理系统中的器件所消耗。

10.5.1 温度条件稳定时

系统工作电压在 15V 以上,由式(10-2)计算得温差 ΔT 至少应在 80K 以上,才能保证热电堆的开路电压大于 15V,驱动系统工作。由图 10-4 和式(10-1)可得在没有电源管理系统时的热电堆最大输出功率随 P_{max} 随温差 ΔT 的变化($T_0 =$

298K)。ΔT 为90K、100K、110K、120K、130K和142K时,可计算得到热电堆最大输出功率分别为4.06W、4.84W、5.63W、6.41W、7.19W、7.98W和8.92W。试验测试了带有电源调理系统时,在这7个温差下热电堆的输出功率在100s内的变化,如图10-11中的实线所示,虚线所示为无电源调理系统时热电堆的 P_{max},同一颜色表示同一温度条件。试验过程中温差的波动很小,在1K以内,并且随时间变化非常缓慢,消除了温差的显著波动对系统性能的影响。从图10-11中可以观察到两种现象。

在带有电源管理系统情况下,温差较小时对应的输出功率波动较大,而在温差较大时输出功率波动较小。当 $\Delta T=90K$ 时,输出功率数据平均值约为2.77W,测试数据的标准差约为0.11W、相对于平均值的偏差约为4.0%;而当 $\Delta T=130K$ 时平均值为7.67W,数据的标准差约为0.08W、相对于平均值偏差仅约为1.0%。

ΔT 越大则带有电源管理系统时的热电堆输出功率越接近无电源管理系统时的最大输出功率,也就是系统效率越高。以输出功率数据的平均值计算,温差由小至大,两者之间的偏差分别约为1.29W、1.72W、0.62W、0.55W、0.42W、0.31W和0.11W,系统工作效率分别约为68.2%、64.5%、88.9%、91.4%、94.1%、96.1%和98.7%。出现以上两种情况的原因是温差较小时,热电堆开路电压较低,而电源管理系统内的MOSFET开关管额定工作电压为60V。因此,开路电压较低时开关管难以工作在额定状态,精度较差,同时带来较大的占空比调节误差,引起数据波动较大。

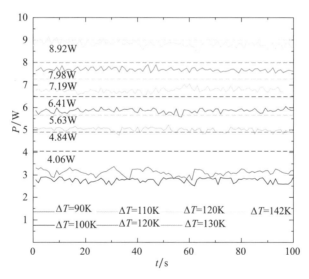

图10-11 有无电源管理系统时热电堆的输出功率

10.5.2 温度条件变化时

为了研究温度条件随时间改变时电源管理系统的最大功率点追踪效果,测试

了热沉温度 T_0 稳定在 298K,热源温度 T_1 从 300K 逐渐加热至 450K 时,热电堆的输出功率。图 10-12 所示为热源温度随时间的变化,大致呈线性增大趋势,曲线的斜率约为 0.181K/s,即 T_1 每秒升高约 0.181K。由于热源(电加热板)是 PID 控制的,因此温度的上升速率并不快。图 10-13 所示为带有电源管理系统后,热电堆输出功率 P_{MPPT}、输出电压 U_{MPPT} 以及蓄电池充电功率 P_{charge} 随 T_1 的变化,同时画出了无电源管理系统时热电堆最大输出功率 P_{max} 以及开路电压 U_{oc} 的变化曲线。P_{max} 和 U_{oc} 对应的曲线由试验数据拟合式(10-1)和式(10-2)得到。

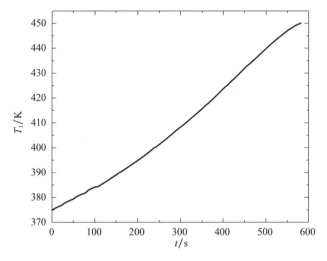

图 10-12 热源温度随时间的变化

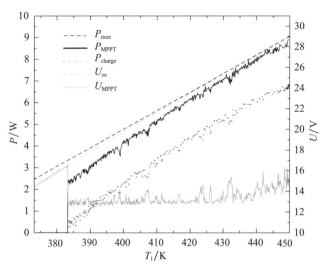

图 10-13 热电堆输出功率、输出电压以及蓄电池充电功率随热源温度的变化

由图 10-13 可见,在 T_1 达到 383K 之后,对应的热电堆开路电压 U_{oc} 约为 16.7V 时,才能驱动系统开始工作,热电堆开始有功率输出并给蓄电池充电。随着温度进一步升高,U_{oc} 将逐渐增大,热电堆输出电压 U_{MPPT} 波动较大,总体呈现缓慢增加的趋势;输出功率 P_{MPPT} 的波动较小,逐渐增大并且与 P_{max} 的差距逐渐缩小,这点与图 10-11 中的规律一致。此外,在热电堆有输出功率之后,在同一温度条件下,P_{MPPT} 与 P_{charge} 的差值恒定。这部分差值为此工作状态下电源管理系统的内部消耗,约为 1.79W。试验测得蓄电池两端充电电压稳定在 12.5V,相对偏差小于 2%。由测得的热电堆输出功率 P_{MPPT} 以及无电源管理系统时的最大功率 P_{max},可计算得到系统的工作效率 φ。图 10-14 所示为 φ 随热电堆开路电压 U_{oc} 的变化。

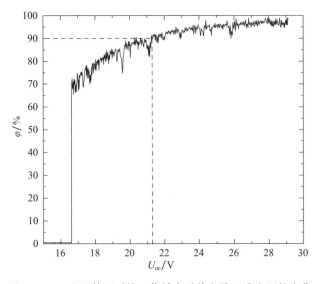

图 10-14 电源管理系统工作效率随热电堆开路电压的变化

由图 10-14 可见,在 $U_{oc} > 16.7V$ 时,电源管理系统开始工作;随着 U_{oc} 进一步增大,φ 逐渐增大,但增加幅度逐渐减小,φ 的最大值在 98% 以上。如果定义系统工作效率达到 90% 以上为额定工作状态,则从图 10-14 中可知热电堆的开路电压应达到 21.2V 以上。从曲线的变化趋势看,系统工作效率的波动还比较大,这是由扰动观察法自身的缺陷引起的。下一步工作中将尝试采用更加稳定的算法实现 MPPT 功能。

10.6 本章小结

为获得热电堆最大功率输出、提高能量利用率,本章研究了多个温差发电模块连接形成的热电堆的输出特性,进行了基于最大功率点追踪技术的电源管理系统设计。设计的基于最大功率点追踪技术的电源管理系统获得了良好的工作效率。最大功率点追踪采用扰动观察法,系统设计的工作电压为15~60V,设计的输出至负载和蓄电池的电压均为12V。通过试验测试发现在热电堆开路电压达到16.7V以上时,系统方可工作;系统的工作效率可达98%以上。当热电堆开路电压在21.2V以上时,系统工作效率在90%以上。由于电源管理系统中的功率调节元件需要工作在额定电压下,因此模块之间一般采取串联方式连接以提高热电堆开路电压。此时,热电堆电路结构的可靠性会下降,需要设计旁路切换电路以提高电路可靠性,避免个别温差发电模块的损坏带来的整个系统的失效。这部分功能会在下一步的工作中实现。

参考文献

[1] PETRONE G,SPAGNUOLO G,VITELLI M. A Multivariable Perturb – and – Observe Maximum Power Point Tracking Technique Applied to a Single – StagePhotovoltaic Inverter[J]. IEEE Transactions on Industrial Electronics,2011,58(1):76 – 84.

[2] PAI F,CHAO R,KO S H,et al. Performance evaluation of Parabolic Prediction to Maximum Power Point Tracking for PV Array[J]. IEEE Transactions on Sustainable Energy,2011,2(1):60 – 68.

[3] ARAB A H,DISS B A,AMMEUR R,et al. Photovoltaic systems sizing for algeria[J]. Solar Energy,1995,54(2):99104.

第四篇

软件实现

第 11 章
流行的机器学习平台及代码实现

11.1 Python 环境下机器学习方法

11.1.1 数据分析工具 Pandas 简介

进行机器学习应用的第一步是理解和探索数据,为此需要一款理想的数据分析软件进行多源数据读取、预处理,还要具有良好的统计和可视化能力,Pandas 就是这样一款软件。

Pandas 是一款基于 Python 的数据分析和建模的开源软件包。Pandas 的设计有两个显著优势。

1. 数据结构利于机器学习

Pandas 中数据的基本单位是 DataFrame,DataFrame 中的每行代表一个观测时间,每列代表一个变量,其中变量可以是数值、文本等多种类型,这样的数据结构大大方便了机器学习的准备工作。

2. 优秀的标准化接口

Pandas 具有优秀的对接接口,在与文本文件、HDFS、SQL 等进行读写操作时非常方便。同时在可视化方面,Pandas 和 Matplotlib 可以说是配合得天衣无缝。同时,Pandas 的底层数据结构也依赖 Python 生态中主流的 Numpy Array,可以非常方便地调用 numpy、scipy 等 Python 其他模块。

11.1.2 利用 Pandas 进行遥测数据分析

熟悉一项软件的最好方法就是通过示例来使用它。这里通过 2021 年 2 月 1 日秒级遥测参数时序数据来熟悉 Pandas 的用法。建议用 Python 笔记本或交互式窗口的方法来进行下面的操作。

首先,需要导入相关的模块,在导入 Pandas 模块的同时,我们还用到了 Datetime 模块。Datetime 模块的主要功能是对时间、日期等数据进行处理,导入命令如下:

```
Import pandas as pd
From datetime import datetime
```

1. 外部数据导入

这里将导入 2021 年 2 月 1 日遥测参数秒级时序数据,不过,相应的原始数据需要稍作清理才能使用。首先,用 Pandas 的 read_csv 模块直接从 csv 文件中导入数据。原始数据一共有 4 列,分别存有原始时间戳、参数代号、参数值、源地址信息。可以通过 names 参数将这些名字赋给处理好的数据,导入命令如下:

```
data=pd.read_csv("ttc.csv",names=['timestamp_raw','paraID','paraValue','source'],index_col=False)
print(type(data))
```

上面的 type(data) 可以打印出当前数据对象的类。可以看到,这里 data 对象的类名为 DataFrame,是 Pandas 中最基本的数据形态。

导入数据后,当然还要看看我们最感兴趣的数据长什么样,在交互窗口中打印前 5 行和后 5 行。这里需要用到 DataFrame 的 head 函数和 tail 函数,命令如下:

```
data.head(5)
data.tail(5)
```

原始数据中的时间记录为每天距离格林尼治标准时间的秒数乘以 1000,为增加可读性,需要将数据先还原。这里先将 data 对象的索引变为处理后的时间标记,并调用 DataFrame.index 域,示例代码如下:

```
UNIX_EPOCH=datetime(1970,1,1,0,0)
def ConvertTime(timestamp_raw,date):
    delta=datetime.utcfromtimestamp(timestamp_raw) - UNIX_EPOCH
    return date + delta
data.index=map(lambda x:ConvertTime(x,datetime(2015,8,3)),data["timestamp_raw"]/1000)
```

这时 timestamp_raw 一列没有用,可以删除它。这里调用了 DataFrame.drop() 函数来实现该功能:

```
data=data.drop("timestamp_raw",1)
```

2. 数据分析基本操作

导入数据并做初步清理之后,可以调用 DataFrame 对象的函数对其进行各种类型的修改和描述。DataFrame 的很多操作都是通过调用对象的函数来进行的,具体有哪些函数可以通过 dir() 命令来查看。

经过查看可以得知,大多数的常用函数都已经包含在内,如 mean(均值)、max(最大值)、min(最小值)。例如,为了求得该数据集每列的均值,可以进行以下操

作,求最大值、最小值的操作也与之类似:
```
data.mean()
```
同时还可以调用 describe 函数直接产生常用的描述性统计量,命令如下:
```
data.desctribe()
```
进行数据分析时,往往需要检视所有数据记录的时间范围,可以在 data.index 上执行。这里 DataFrame.index 相当于一个 Series 类对象,命令如下:
```
data.index.min()
data.index.max()
```
实际分析过程中需要对数据按照时间进行拆分,只保留某一特定时间段内的数据,完成该项操作非常容易,命令如下:
```
data_hour = data['20210201180000':'20210201200000']
```

3. 可视化操作

进行了简单的数据清理之后,就可以开始进行可视化操作了,首先通过目测的方式来查看数据的分布。Pandas 进行可视化操作需要依赖 Matplotlib 模块,这里首先导入对应的模块,导入命令如下:
```
import matplotlib
From matplotlib import pyplot as plt
```
Matplotlib 自带的画图风格比较僵硬,可以设置风格为 Rggplot,设置命令如下:
```
Matplotlib.style.use('ggplot')
```
画图查看每秒的遥测参数值。这里只需对 Series 类的变量调用 plot 函数,即可得到遥测曲线图,调用命令如下:
```
data_hour['paraValue'].plot()
plt.show()
```
同时,也有人可能对遥测参数值的分布感兴趣,可以通过下面的命令做出直方图。只需调用 Series 类对象的 plot.hist 函数:
```
data_hour["paraValue"].plot.hist()
plt.show()
```

11.1.3 构建形态图谱检测模型

构建形态图谱检测模型主要分为两个主要部分:首先需要对训练数据进行聚类分析,得到频繁特征模式;然后利用聚类得到的模型进行遥测参数异常检测。
```
#提供检测结果的聚类显示
import pandas as pd
import numpy as np
from Fun import DownParaDataPQ as DPDPQ
from Fun import DownParaDataHB as DPD
```

```python
from appRoute import setting
import os
import dateutil,math
mission = 'TEST'
path = r'/home/Data/' + mission.upper()
detectFilePath = path + "/curve.csv"
# 设置聚类阈值
def GetCluster(detectResult,cValue,cCount,mission):
    # 1. 首先读入检测文件
    # detectResult = pd.read_csv(detectFilePath,index_col = 0)
    # 2. 分割总记录中的各行
    rowList1 = list(detectResult.columns)[:-1]
    rowList2 = list(detectResult.columns)[1:]
    rowSpan = [[x,y] for x,y in zip(rowList1,rowList2)]
    cResult = []
    homePath = setting.NodePath + os.sep + 'ParaData' + os.sep + mission.upper()
    # 将 corr 计算的矩阵重采样降到 100 个点,否则内存太大
    rCount = 100
    for row in rowSpan:
        spanStime = row[0]
        spanEtime = row[1]
        spanStimeL = dateutil.parser.parse(spanStime)
        spanEtimeL = dateutil.parser.parse(spanEtime)
        totalSeconds = (spanEtimeL - spanStimeL).total_seconds()
        step = math.floor(totalSeconds / rCount)
        detectItem = detectResult[spanStime]
        # 3. 获得所有需要分析的参数
        parasRow = list(detectItem[detectItem > =1].index)
        # 4. 将所有参数构成矩阵
        paraDF = pd.DataFrame()
        if len(parasRow) > = cCount:
            for paraID in parasRow:
                # 如果本地存在文件夹,就是缓冲了本地数据直接进行访问,如果没有文件夹就去访问分布式库
                if os.path.exists(homePath):
                    paraData = DPDPQ.GetParaDataFromPQ(mission,paraID,spanStime.split("")[0],spanEtime.split("")[0])
                else:
                    paraData = DPD.GetParaData(mission,int(paraID),spanStime.split("")[0],spanEtime.split("")[0])
```

```python
            if len(paraData) == 0:
                paraData = DPD.GetParaData(mission, int(paraID), spanStime.split("")[0], spanEtime.split("")[0])
            paraDataS = paraData[spanStime:spanEtime]
            if len(paraDataS) > 0:
                startValue = paraDataS.iloc[0].value
                startRow = pd.DataFrame([{'value':startValue}], index=[pd.to_datetime(spanStime)])
                startRow.index.name = 'time'
                paraDataS = pd.concat([startRow, paraDataS])
                if step <= 1:
                    reParaData = paraData
                else:
                    reParaData = paraDataS.resample(str(step) + 'S').median().ffill()
                if len(paraDF.columns) == 0:
                    reParaData.columns = [paraID]
                    paraDF = reParaData
                else:
                    paraDF[paraID] = reParaData
    #5. 完成相关矩阵计算
    corrResult = paraDF.corr()
    #6. 聚类运算
    paraList = list(corrResult.index)
    paraSet = set()
    cItemResult = []
    for paraIndex in paraList:
        # 如果没在集合中,就是没处理,考虑使用新的聚类
        cItem = []
        if paraIndex not in paraSet:
            paraCorr = corrResult.loc[paraIndex]
            cList = list(paraCorr[abs(paraCorr) > cValue].index)
            for paraItem in cList:
                if paraItem not in paraSet:
                    cItem.append(paraItem)
                    paraSet.add(paraItem)
        if len(cItem) >= cCount:
            cItemResult.append(cItem)
    if len(cItemResult) > 0:
        cItemDict = {"timeS":spanStime, "timeE":spanEtime, "paras":
```

```
            cItemResult}
                    cResult.append(cItemDict)
        return cResult

    #完成形态检测
    global   paraData
    global   figArray
    global detectLimit
    global meanCount
    #检测开放成 post 请求
    # forwardDays 是设置周期为往前几天
    # runMode 是运行模式 'S'是单次运行 'I'是定时运行
    # 传进来的都是检测日期,前面生成模板的时间自动生成往前面加
    def CurveDetection(mission,sTimeStr,eTimeStr,paraSet = '',runMode = 'S',
forwardDays =1,infoStr = "未填写"):
        reportMethod = "形态检测"
        reportType = "单次任务"
        reportTime = str(datetime.datetime.now())
        hostname = socket.gethostname()
        curPort = setting.port
        reportServer = "HMTask_" + hostname + "_" + str(curPort)
        # 如果是定时运行的,就要重新计算检测开始时间和检测结束时间
        if runMode = = 'I':
            reportType = "定时任务"
            sTimeT = dateutil.parser.parse(sTimeStr)
            eTimeT = dateutil.parser.parse(eTimeStr)
            spanDays = (eTimeT - sTimeT).days
            eTimeTT = datetime.datetime.now() - datetime.timedelta(days = int
(forwardDays))
            sTimeTT = datetime.datetime.now() - datetime.timedelta(days = int
(forwardDays) + spanDays)
            sTimeStr = datetime.datetime.strftime(sTimeTT,"%Y-%m-%d")
            eTimeStr = datetime.datetime.strftime(eTimeTT,"%Y-%m-%d")
    #1. 先读取扫描的参数表
    paras = EC.GetParas(mission)
    if paraSet ! = "":
        paraSet = paraSet.split(',')
    else:
        paraSet = paras.paraID.values.tolist()
    #2. 计算得到周期分割区间
```

```
        cycResult = CCycle.GetCycle(mission,sTimeStr,eTimeStr)
        # detectCyc 是实际需要显示的结果数据,最后是从整个聚类周期中显示出用户需要
的部分
        detectCyc = cycResult
        # 算出时间间隔后,从结束时间往前加 30 个周期,加到哪儿算哪儿,如果还是小于开
始时间,就设置成开始时间
        if len(cycResult) = =0:
            print(mission + "" + sTimeStr + "" + eTimeStr + " 时间计算错误")
            return
        cycSpanStime = cycResult[ -1][0]
        cycSpanEtime = cycResult[ -1][1]
        cycSpan = dateutil.parser.parse(cycSpanEtime) - dateutil.parser.parse
(cycSpanStime)
        # 设置检测周期为向前 20 个周期是为了计算聚类
        setPSpan = 21
        clusterStime = dateutil.parser.parse(eTimeStr) - setPSpan* cycSpan
        clusterStimeStr = datetime.datetime.strftime(clusterStime,"% Y - % m
-% d")
        detectStime = dateutil.parser.parse(sTimeStr)
        if clusterStime < detectStime:
            cycResult = CCycle.GetCycle(mission,clusterStimeStr,eTimeStr)
        else:
            clusterStime = detectStime
             clusterStimeStr = datetime.datetime.strftime(clusterStime,"% Y
-% m-% d")
        # cycResult = [ ]
        cycIndex = [x[0] for x in cycResult[1:]]
        # 3. 长周期特征计算
        detectCurveMatrix = [ ]
        totalParaCount = len(paraSet)
        noValueParaCount = 0
        stdZeroParaCount = 0
        reportTotalCount = totalParaCount
        reportPercentItem = int( reportTotalCount/100)
        if reportPercentItem < 5:
            reportPercentItem = 5
        reportCurCount = 0
        redis = StrictRedis(host = '*.*.*.*',port = 6379,db = 0)
        reportKey = mission.upper() + "" + reportTime
        reportSTime = sTimeStr
```

```
            reportETime = eTimeStr
        for item in paraSet:
            # 到一个节点,就要上报状态了
            if reportCurCount% reportPercentItem = = 0:
                reportValue = reportType + "," + reportMethod + "," + reportSTime
+ "," + reportETime + "," + str(reportTotalCount) + "," + str(reportCurCount)
+ "," + str(datetime.datetime.now())
                # 在这里判断,如果 redis 中任务记录被删除了,就是终止,直接退出
                if reportCurCount! =0:
                    if redis.hexists(reportServer,reportKey) = = False:
                        return
                redis.hset(reportServer,reportKey,reportValue)
            reportCurCount = reportCurCount + 1
            try:
                # p.enable()
                paraID = item
                paraName = paras[paras.paraID = = paraID].paraName.values[0]
                paraFlag = paras[paras.paraID = = paraID].paraCode.values[0]
                pStr = str(datetime.datetime.now()) + "" + paraID

                global paraData
                homePath = setting.NodePath + os.sep + 'ParaData' + os.sep +
mission.upper()
                # 如果本地存在文件夹,就是缓冲了本地数据直接进行访问,如果没有文件
夹还是访问分布式库
                paraData = EC.expressionCal(mission,clusterStimeStr.split
("")[0],eTimeStr.split("")[0],paraFlag)
                paraData = paraData[clusterStimeStr:eTimeStr]
                if len(paraData) = = 0:
                    paraData = EC.expressionCal(mission,clusterStimeStr.split
("")[0],eTimeStr.split("")[0],paraFlag)
                    # paraData = DPD.GetParaData(mission,int(paraID),cluster-
StimeStr.split("")[0],eTimeStr.split("")[0])
                    paraData = paraData[clusterStimeStr:eTimeStr]
                    if len(paraData) = = 0:
                        pStr = pStr + " dataCount:" + str(len(paraData))
                        noValueParaCount = noValueParaCount + 1
                        print(pStr)
                        continue
                #每个周期不足一个点的参数就跳过
```

```python
            if len(paraData) < len(cycResult) * 8:
                pStr = pStr + " dataCount:" + str(len(paraData))
                print(pStr)
                continue
            paraDataT = TA3SIGMA.SingleValueClean(paraData)
            paraData = TA3SIGMA.SigemaCleaningDataEnd(paraDataT)

            # 这里对数据进行一次重采样
            rCount = 20000
            sTimeRe = dateutil.parser.parse(clusterStimeStr)
            eTimeRe = dateutil.parser.parse(eTimeStr)
            totalSeconds = (eTimeRe - sTimeRe).total_seconds()
            step = math.floor(totalSeconds / rCount)
            if step <= 1:
                reParaData = paraData
            else:
                if step > 60:
                    # 最低采样不能低于1min
                    reParaData = paraData.resample('60S').median().ffill()
                else:
                    reParaData = paraData.resample(str(step) + 'S').median().ffill()
            paraData = reParaData
            if paraData.std().value < 0.000001:
                pStr = pStr + " std:" + str(paraData.std().value)
                stdZeroParaCount = stdZeroParaCount + 1
                print(pStr)
                continue
            print(pStr)
            # plt.close('all')
            # plt.figure(figsize=(15,5))
            paraCurveResult = calCurve(cycResult)

            if len(paraCurveResult) > 0:
                #去掉周期计算错误导致的报警
                cycleArray1 = np.array([dateutil.parser.parse(x[0]) for x in cycResult])
                cycleArray2 = np.array([dateutil.parser.parse(x[1]) for x in cycResult])
                deltaMin = [int(x.total_seconds() / 60) for x in cycleAr-
```

```
ray2 - cycleArray1]
                    mostMin = Counter(deltaMin).most_common(1)[0][0]
                    mostMinDown = mostMin * 0.7
                    cycleErrorT = (np.array(deltaMin) < mostMinDown).astype
('int')
                    cycleError1 = cycleErrorT[1:]
                    cycleError2 = cycleErrorT[:-1]
                    cycleError = cycleError1^cycleError2
                    paraCurveResult = ((paraCurveResult - cycleError) > 0).
astype('int')

                    # 保留用户选择的时间输出
                    # paraCurve = pd.DataFrame({paraID:paraCurveResult},index
= cycIndex)
                    paraCurve = pd.DataFrame({paraID: paraCurveResult[ - len(detect-
Cyc):]},index = cycIndex[ - len(detectCyc):])
                    detectCurveMatrix.append(paraCurve)
                    # plt.title(paraID + "" + paraFlag)
                    # plt.savefig('/home/zds/FG/Data/TL0201/' + paraID + "" +
paraName)
                    # plt.close('all')
            except:
                continue
    # 执行完成后,在 redis 中删除
    redis.hdel(reportServer,reportKey)
    if len(detectCurveMatrix) = = 0:
        return "no result"
    curveResult = pd.concat(detectCurveMatrix,axis = 1).T.astype('float')
    # 设置聚类的最小值和最少个数
    cValue = 0.85
    cCount = 2
    cResult = CCluster.GetCluster(curveResult,cValue,cCount,mission)
    # 获得计算结果,更新计算出的数据节结构
    cCountTotal = 0
    for item in cResult:
        iTime = item['timeS']
        iTimeE = item['timeE']
        iParas = item['paras']
        cCount = 0
        for cItem in iParas:
```

```
            cCount = cCount + 1
            cCountTotal = cCountTotal + 1
            # for cItemIn in cItem:
            # curveResult[iTime][cItemIn] = 1 + cCount * 0.01

    # 将检测结果结果保存到本地
    # 输出目录
    outPath = setting.NodePath + os.sep + 'DetectResult'
    # 检测运行时间
    oDetectTime = datetime.datetime.strftime(datetime.datetime.now(),"%Y-%m-%d H:%M:%S")
    # 检测开始时间
    oSTime = sTimeStr
    # 检测结束时间
    oETime = eTimeStr
    # 检测参数数量
    oParaCount = len(curveResult.index)
    # 检测周期数量
    oCycCount = len(curveResult.columns)
    # 检测异常总数
    # oAbnormalCount = curveResult[curveResult >= 1].count().sum()
    # 以前是一个参数报了好几次就统计几次,改成只统计异常参数个数
    oAbnormalCount = (curveResult.sum(axis=1) >= 1).sum()
    # 聚类的总数
    oClusterCount = cCountTotal

    fileName = mission.upper() + "_" + oDetectTime + "_" + oSTime.split(' ')
[0] + "_" + oETime.split(' ')[0] + "_" + str(oParaCount) + "_" + str(oCycCount)
+ "_" + str(oAbnormalCount) + "_" + str(oClusterCount) + "_" + runMode + "_" + str
(totalParaCount) + "_" + str(noValueParaCount) + "_" + str(stdZeroParaCount)
+ "_" + clusterStimeStr.split("")[0] + "_" + sTimeStr.split("")[0] + "_" + in-
foStr.replace('_','') + "_curve"
    detectFileName = outPath + os.sep + fileName + ".csv"
    clusterFileName = outPath + os.sep + fileName + ".json"
    curveResult.to_csv(detectFileName)
    # 生成前台显示所需的结构
    result = []
    for itemC in cResult:
        timeS = itemC['timeS']
        timeE = itemC['timeE']
```

```
            paraC = itemC['paras']
        #一共有多少个异常参数
        countC = len(np.array(paraC).flatten())
        CountRemain = countC
        for listItem in paraC:
            resultItem = []
            resultItem.append(timeS)
            itemCount = len(listItem)
            resultItem.append(CountRemain)
            CountRemain = CountRemain - itemCount
            resultItem.append(itemCount)
            paraNameDF = pd.merge(pd.DataFrame({"paraID":listItem}),par-
as,on = 'paraID')
            paraName = paraNameDF['paraName'].values
            nameList = "\\n".join(paraName)
            IDList = ",".join(listItem)
            resultItem.append(nameList)
            resultItem.append(IDList)
            resultItem.append(timeE)
            resultItem.append("curve")
            result.append(resultItem)
    #将聚类结果写入文件
    json.dump(result,open(clusterFileName,'w'))
    #返回文件名
    return filename
```

11.2 Java 环境下机器学习方法介绍

11.2.1 Joone 机器学习库

Joone(java object oriented neural network)是一个用 Java 语言迅速开发神经网络的开源项目,它给程序员提供了一个高适应性的神经网络。Joone 支持很多特性,比如多线程和分布式计算。Joone 主要有三大模块。

(1)Joone – engine:Joone 的核心模块,包括多种机器学习算法库。

(2)Joone – editor:Joone 的 GUI 开发环境。不用编写一行代码就可建立神经网络模型,并可以进行训练和验证。

(3)Joone – distributed – environment:Joone 用于支持分布式计算的模块。

当进行Joone编程时,一般要使用两种类型的对象。神经元层对象用于描述一层的一个或多个的具有相似特征的神经元。神经网络经常有一层或两层神经元。这些神经元层通过触角联系在一起。这些触角把这种待识别的模式,从一个神经元层传输到另一个神经元层。

触角不仅把这种模式从一个神经元层传输到另一个神经元层。触角还将生成一些指向这种模式的元素的斜线。这些斜线将导致这种模式的某些元素在被传输到下一个神经元层时相比于通过其他方式传递更有效。这些斜线通常称为权重,它们形成神经网络的存储系统。通过调整存储在触角中的这些权重,可以更改神经网络的行为。

触角在Joone中还承担另外一个角色。在Joone中,可以把触角看作数据导管。正如触角将模式从一个神经元层传输到另一个神经元层,指定版本的触角用于把模式传入和传出神经网络。下面将展示一个简单的单层的神经网络是怎样被构建并进行模式识别的。

11.2.2 Joone基本使用方法

本节用Joone识别一个很简单的模式。在这种模式中,考查一个二进制的布尔操作,例如XOR。这个XOR操作的真值如表11-1所列。

表11-1 XOR操作真值表

X	Y	X XOR Y
0	0	0
0	1	1
1	0	1
1	1	0

正如从表11-1中看到的,XOR运算的结果是只有当X和Y具有不同值时,结果才为真(1)。其他情况下,XOR运算结果均为假(0)。默认地,JOONE从存储在系统中的文本书件中取得输入。这些文本通过使用FileInputSynapse的特殊触角来读取。为了训练XOR运算问题,必须建立一个输入文件——该文件包含上面显示的数据。该文件内容显示在表11-2中,表11-2所列为解决XOR问题的输入文件的内容。

表11-2 文件内容

0.0	0.0	0.0
0.0	1.0	1.0
1.0	0.0	1.0
1.0	1.0	0.0

我们现在分析一个简单的程序,它指导 Joone 来识别 XOR 运算并产生正确的结果。我们现在分析训练该神经网络必须被处理的过程。训练过程包括把 XOR 问题提交给神经网络,然后观察结果。如果这个结果不是所预期的,该训练算法将调整存储在触角中的权重。在神经网络的实际输出和预料的输出之间的差距称为误差。训练将持续到误差小于一个可接受值为止。这个级别通常是一个百分数,如 10%。现在分析用于训练一个神经网络的代码。

训练过程通过建立神经网络开始,同时也必须创建隐蔽的输入层和输出层。

首先,创造这三层:

```
input = new SigmoidLayer();
hidden = new SigmoidLayer();
output = new SigmoidLayer();
```

每个层被使用 Joone 对象 SigmoidLayer 创建。Sigmoidlayer 基于自然对数生成一个输出。Joone 还包含另外的层,而不是可能选择使用的 S 形的层类型。

然后,每层被赋予一个名字。这些名字将有助于后面在调试期间识别该层:

```
input.setLayerName("input");
hidden.setLayerName("hidden");
output.setLayerName("output");
```

现在必须定义每个层。我们将指定在每层中的"行"号。该"行"号对应于这一层中的神经元的数目:

```
input.setRows(2);
hidden.setRows(3);
output.setRows(1);
```

从上面的代码可以看出,输入层有 2 个神经元,隐蔽层有 3 个隐蔽神经元,输出层包含 1 个神经元。这对于神经网络包含两个输入神经元和一个输出神经元是具有重要意义的,因为 XOR 运算符接收两个参数而产生一个结果。

为使用该神经元层,我们也必须创建触角。在本例中,我们要使用多个触角。这些触角用下面的代码实现:

```
//输入 -> 隐蔽地连接
FullSynapse synapse_IH = new FullSynapse();
//隐蔽 -> 输出连接
FullSynapse synapse_HO = new FullSynapse();
```

就像神经元层的情况一样,触角也可能命名以便程序的调试。下面的代码命名新建的触角:

```
synapse_IH.setName("IH");
synapse_HO.setName("HO");
```

最后,我们必须把触角连接到适当神经元层。下面的代码实现这一点:

```
//连接输入层到隐蔽层
```

```
input.addOutputSynapse(synapse_IH);
hidden.addInputSynapse(synapse_IH);
//连接隐蔽层到输出层
hidden.addOutputSynapse(synapse_HO);
output.addInputSynapse(synapse_HO);
```

现在既然神经网络已被创建,我们还必须创建一个用于调节该神经网络的监视器对象。下面的代码创建监视器对象:

```
//创建监视器对象并且设置学习参数
monitor = new Monitor();
monitor.setLearningRate(0.8);
monitor.setMomentum(0.3);
```

学习速度和动力作为参数以用于指定训练的产生方式。JOONE 利用 back-propagation 学习算法。要更多了解关于学习速度或者动力的信息,读者可阅读深度学习书籍中的 backpropagation 算法。

这个监视器对象应该被赋值给每个神经原层。下面的代码实现这一点:

```
input.setMonitor(monitor);
hidden.setMonitor(monitor);
output.setMonitor(monitor);
```

就像许多 Java 对象本身一样,Joone 监视器允许听者可以添加到它上面。随着训练的进行,Joone 将通知听者有关训练进程的信息。在这个简单的例子中,我们使用以下代码:

```
monitor.addNeuralNetListener(this);
```

我们现在必须建立输入触角。如前所述,我们将使用一个 FileInputSynapse 来读取一个磁盘文件。磁盘文件不是 Joone 唯一能够接收的输入种类。Joone 对于不同的输入源具有很强的灵活性。为使 Joone 能够接收其他输入类型,你只需创建一个新的触角来接收输入。在本例中,我们将简单地使用 FileInputSynapse。

FileInputSynapse 首先被实例化,代码如下:

```
inputStream = new FileInputSynapse();
```

然后,必须通知 FileInputSynapse 要使用哪些列。表 11-2 中显示的文件使用了输入数据的前两列。下面代码建立起前两列用于输入神经网络:

```
//前两列包含输入值
inputStream.setFirstCol(1);
inputStream.setLastCol(2);
```

最后,我们必须提供输入文件的名字,这个名字直接来源于用户接口。同时,提供一个编辑控件用于收集输入文件的名字。下面代码为 FileInputSynapse 设置文件名:

```
//这是包含输入数据的文件名
inputStream.setFileName(inputFile.getText());
```

如前所述,一个触角仅是一个神经元层之间的数据导管。FileInputSynapse 正是这里的数据导管,数据通过它进入神经网络。为了更容易实现这一点,必须要把 FileInputSynapse 加到神经网络的输入层。这由下面一行代码实现:

```
input.addInputSynapse(inputStream);
```

现在既然已经建立起神经网络,我们必须创建一个训练员和一个监视器。训练员用于训练该神经网络,因为该监视器通过一个事先设置好的训练重复数来运行这个神经网络。对于每次重复训练,数据被提供到神经网络,然后就可以观察到结果。该神经网络的权重(存储在穿梭在神经元层之间的触角连接中)将根据误差作适当调整。随着训练的进行,误差级将下降。下列代码建立训练员并把它依附到监视器:

```
trainer = new TeachingSynapse();
trainer.setMonitor(monitor);
```

表 11-2 中提供的输入文件包含 3 列。到目前为止,我们仅仅使用了第一、第二列,它们指定了到神经网络的输入。第三列包含提供给神经网络第一列中的数字时的期盼的输出值。我们必须使训练员存取该列以便能确定误差。该误差是神经网络的实际输出和期盼输出之间的差距。下列代码创建另一个 FileInputSynapse 并做好准备以读取与前面相同的输入文件:

```
//设置包含期望的响应值的文件,这由 FileInputSynapse 来提供:
samples = new FileInputSynapse();
samples.setFileName(inputFile.getText());
```

这时,我们想指向第三列的 FileInputSynapse。下列代码实现了这一点,然后让训练员使用这个 FileInputSynapse:

```
//输出值在文件中的第三列上
samples.setFirstCol(3);
samples.setLastCol(3);
trainer.setDesired(samples);
```

接着训练员被连接到神经网络输出层,这将使训练员接收神经网络的输出。

```
//连接训练员到网络的最后一层
output.addOutputSynapse(trainer);
```

现在已为所有的层准备好后台线程,包括训练员:

```
input.start();
hidden.start();
output.start();
trainer.start();
```

最后为训练设置一些参数。我们指定在输入文件中共有 4 行,而且想训练 20000 个周期,还在不断学习。如果设置学习参数为 false,该神经网络将简单地处理输入并不进行学习,代码如下:

```
monitor.setPatterns(4);
monitor.setTotCicles(20000);
monitor.setLearning(true);
```

现在我们已经为训练过程做好准备。调用监视器的 Go 方法将在后台启动训练过程：

```
monitor.Go();
```

神经网络将要被训练 20000 个周期。当神经网络训练完成时，误差层应该在一个合理的低级别上。一般低于 10% 的误差级是可接受的。

11.2.3　BP 神经网络对遥测数据建模

使用 Joone1.2.1 版本，数学函数包 common – math3 采用 3.6.1 版本，实现 BP 神经网络对遥测数据进行建模的代码如下。程序首先完成 4 层 Layer 对象的创建，再创建三个 Synapse 对象连接各层。输入层对应遥测数据样本的输入序列，输出层对应标记序列。

```
import org.joone.engine.*;                           //添加 Joone 引用
import org.joone.engine.learning.*;
import org.joone.io.*;
import org.joone.net.*;
import org.joone.util.NormalizerPlugIn;
import org.joone.util.UnNormalizerOutputPlugIn;
import org.apache.commons.math3.stat.*;              // 添加 java 数学包引用
import java.io.*;
import java.util.*;
//定义神经网络模型实现类 RBPANNModel
public class RBPANNModel implements Serializable,NeuralNetListener {
    public String timespan;                          //时间序列长度
    public String sateandpara;                       //卫星名称与参数名
    public String layernumsum;                       //隐藏层数量
    public String layertypesum;                      //隐藏层类型
    public String textproc;                          //处理的文本
    private static final long serialVersionUID = 21L; //序列化版本
    private NeuralNet nnet = null;                   //Joone 神经网络类型变量
    private MemoryInputSynapse inputSynapse,desiredOutputSynapse;  //定义神经元变量
    private LinearLayer input;                       //线性输入层
    private SineLayer hidden1;                       //激活函数为 Sine 的隐藏层 1
    private SineLayer hidden2;                       //激活函数为 Sine 的隐藏层 2
```

```java
        private BiasedLinearLayer output;                    //带偏置的线性输出层
        private boolean singleThreadMode = true;             //单线程模式
        private private double[ ][ ] inputArray;             //输入数据数组
        private private double[ ][ ] desiredOutputArray;     //输出数据数组
        private double[ ][ ] testInArray;                    //测试用输入数据数组
        private double[ ][ ] testTarArray;                   //测试用输入数据的标记数组
        public int inputlayernum;                            //输入层神经元数
        private int[ ] hiddenlayernum;                       //隐藏层神经元数
        public int outputlayernum;                           //输出层神经元数
        private int samplelen;                               //数据样本长度
        private int sampleINTERVAL;                          //数据样本之间间隔
        private int testStartPt;                             //测试数据起始位置
        private int trainStartPt;                            //测试数据结束位置
        private double givenRMSE;                            //训练误差
        private int maxstep;                                 //最大迭代次数
        public double[ ] maxAndmin = null;                   //样本的最大值与最小值
        public int m;                                        //测试数据样本长度
                                                             //设置与获取部分变量的方法
        public NeuralNet getNnet() {
            return nnet;
        }
        public void setNnet(NeuralNet nnet) {
            this.nnet = nnet;
        }
        public double[ ][ ] getTestTarArray() {
            return testTarArray;
        }
        public void setTestTarArray(double[ ][ ] testTarArray) {
            this.testTarArray = testTarArray;
        }
        ……部分省略……

                                                             //构造函数
        public RBPANNModel(int num1,int[ ] num2,int num3,int len,int interval,int
    testStartPt,int trainStartPt,int maxstep,double rmse) {
            this.inputlayernum = num1;                       //输入层数量
            this.hiddenlayernum = num2;                      //隐藏层1数量
            this.outputlayernum = num3;                      //隐藏层2数量
            this.samplelen = len;                            //数据样本长度
            this.inputArray = new double[this.samplelen][num1];   //样本数组
```

```java
        this.desiredOutputArray = new double[this.samplelen][num3];//模型输
出数组
        this.sampleINTERVAL = interval;              //样本间隔
        this.testStartPt = testStartPt;              //设置数据截取起始点
        this.trainStartPt = trainStartPt;            //设置数据截取结束点
        this.maxstep = maxstep;                      //模型计算的最大迭代次数
        this.givenRMSE = rmse;                       //模型计算的收敛误差
    }

    //BP 神经网络模型的训练函数
    public void train(){
        //设置输入层数据
        inputSynapse.setInputArray(inputArray);
        inputSynapse.setAdvancedColumnSelector("1 - " + String.valueOf(input-
layernum));
        //设置输出层
        desiredOutputSynapse.setInputArray(desiredOutputArray);
            desiredOutputSynapse.setAdvancedColumnSelector ( " 1 - " +
String.valueOf(outputlayernum));
        //获取训练过程的监视对象,提供训练过程反馈
        Monitor monitor = nnet.getMonitor();
        //设置监视对象类型以及学习方法
        monitor.addLearner(0,"org.joone.engine.BasicLearner");
        monitor.addLearner(1,"org.joone.engine.BatchLearner");  // Batch 学习
        monitor.addLearner(2,"org.joone.engine.RpropLearner");  // RPROP 学习
        monitor.setLearningMode(2);                  //通常采用 RPROP 学习方式
        monitor.setLearningRate(1e-3);               //学习效率
        monitor.setMomentum(0.0);                    //冲量单元
        monitor.setTrainingPatterns(this.samplelen); //训练样本的大小
        monitor.setTotCicles(this.maxstep);          //最大迭代次数
        monitor.setBatchSize(this.samplelen);        //批处理数量(RPROP 学习模式
时与样本数量相等)
        monitor.setLearning(true);
        //训练过程计时
        long initms = System.currentTimeMillis();
    // Run the network in single-thread,synchronized mode
        nnet.getMonitor().setSingleThreadMode(singleThreadMode);
        nnet.go(true);
        System.out.println(" Total time = " + (System.currentTimeMillis() -
initms) + " ms ");
```

    }

    //BP神经网络模型的分类函数
    public double[][] interrogate(){
        //设置输出结果矩阵
        double[][] out_calc = new double[this.m][this.outputlayernum];
        //设置输入样本
        inputSynapse.setInputArray(this.testInArray);
        inputSynapse.setAdvancedColumnSelector("1 - " + String.valueOf(this.inputlayernum));
        //设置监视对象
        Monitor monitor = nnet.getMonitor();
        monitor.setTrainingPatterns(this.m);
        monitor.setTotCicles(1);
        monitor.setLearning(false);
        //设置输出神经元用于结果输出
        MemoryOutputSynapse memOut = new MemoryOutputSynapse();
        //对输入样本进行分类并输出,返回结果
        if(nnet != null){
    nnet.addOutputSynapse(memOut);
            System.out.println(nnet.check());
            nnet.getMonitor().setSingleThreadMode(singleThreadMode);
            nnet.go();
            for(int i = 0;i < this.m;i++){
                out_calc[i] = memOut.getNextPattern();
            }
            System.out.println(" Interrogating Finished ");
        }
        return out_calc;
    }

    //BP神经网络模型的初始化
    public void initNeuralNet(){
        //设置输入层、隐藏层和输出层单元对象类型
        input = new LinearLayer();
        hidden1 = new SineLayer();
        hidden2 = new SineLayer();
        output = new BiasedLinearLayer();
    //设置各层的神经元数量及名称
        input.setRows(inputlayernum);

```java
        hidden1.setRows(hiddenlayernum[0]);
        hidden2.setRows(hiddenlayernum[1]);
        output.setRows(outputlayernum);
        input.setLayerName("L.input");
        hidden1.setLayerName("L.hidden1");
        hidden2.setLayerName("L.hidden2");
        output.setLayerName("L.output");
        //定义用于连接各层神经元的突触
        FullSynapse synapse_IH1 = new FullSynapse();/* input - > hidden1 conn. */
        FullSynapse synapse_HH = new FullSynapse();/* hidden1 - > hidden2 conn. */
        FullSynapse synapse_H2O = new FullSynapse();/* hidden2 - > output conn. */
        //突触连接各层
        input.addOutputSynapse(synapse_IH1);
        hidden1.addInputSynapse(synapse_IH1);
        hidden1.addOutputSynapse(synapse_HH);
        hidden2.addInputSynapse(synapse_HH);
        hidden2.addOutputSynapse(synapse_H2O);
        output.addInputSynapse(synapse_H2O);
        //设置与输入层连接的神经元
        inputSynapse = new MemoryInputSynapse();
        input.addInputSynapse(inputSynapse);
        //设置与输出层连接的突触
        desiredOutputSynapse = new MemoryInputSynapse();
        TeachingSynapse trainer = new TeachingSynapse();
        trainer.setDesired(desiredOutputSynapse);
        //将各层组合成一个神经网络模型
        nnet = new NeuralNet();
        nnet.addLayer(input,NeuralNet.INPUT_LAYER);
        nnet.addLayer(hidden1,NeuralNet.HIDDEN_LAYER);
        nnet.addLayer(hidden2,NeuralNet.HIDDEN_LAYER);
        nnet.addLayer(output,NeuralNet.OUTPUT_LAYER);
        nnet.setTeacher(trainer);
        output.addOutputSynapse(trainer);
        nnet.addNeuralNetListener(this);
    }
    //预处理输入序列数据,根据输入输出层单元个数生成可输入神经网络的样本矩阵
    public void initDataSample(double[] sampledata){
```

```java
//循环生成样本
int k;int j;
for(j=1;j<=this.samplelen;j++){
    for(k=1;k<=this.inputlayernum;k++){
        inputArray[j-1][k-1]=sampledata[this.trainStartPt+k-1+this.sampleINTERVAL*(j-1)];
    }
    for(k=1;k<=this.outputlayernum;k++){
        desiredOutputArray[j-1][k-1]=sampledata[this.trainStartPt+this.inputlayernum+k-1+this.sampleINTERVAL*(j-1)];
    }
}
//归一化数据
this.maxAndmin=this.getMaxMin(sampledata);
this.inputArray=this.scaledToRange(inputArray,maxAndmin[0],maxAndmin[1]);
this.desiredOutputArray=this.scaledToRange(desiredOutputArray,maxAndmin[0],maxAndmin[1]);
}

//初始化待测试(分类)序列数据,过程同上
public void initTestedData(double[] testeddata,int testdatalen){
    int j,k;
    int m=testdatalen;
    this.testInArray=new double[m][this.inputlayernum];
    this.testTarArray=new double[m][this.outputlayernum];
    for(j=1;j<=m;j++){
        for(k=1;k<=this.inputlayernum;k++){
            this.testInArray[j-1][k-1]=testeddata[k-1+(j-1)*this.outputlayernum];
        }
        for(k=1;k<=this.outputlayernum;k++){
            this.testTarArray[j-1][k-1]=testeddata[this.inputlayernum+k-1+(j-1)*this.outputlayernum];
        }
    }
    this.testInArray=this.scaledToRange(testInArray,maxAndmin[0],maxAndmin[1]);
    this.testTarArray=this.scaledToRange(testTarArray,maxAndmin[0],maxAndmin[1]);
```

```java
    }

//用于序列化输出神经网络模型的函数
public void saveNeuralNet(String fileName) {
    try {
        FileOutputStream stream = new FileOutputStream(fileName);
        ObjectOutputStream out = new ObjectOutputStream(stream);
        out.writeObject(this);
        out.close();
    } catch (Exception excp) {
        excp.printStackTrace();
    }
}
//输出训练过程的误差信息,实现 NeuralNetListener 接口函数
public void errorChanged(NeuralNetEvent e){
    Monitor mon = (Monitor) e.getSource();
    if (mon.getCurrentCicle() % 10 == 0)
        System.out.println(" Epoch: " + (mon.getTotCicles() - mon.getCurrentCicle()) + "RMSE:" + mon.getGlobalError());
}

//训练开始时输出信息,实现 NeuralNetListener 接口函数
public void netStarted(NeuralNetEvent e){
    Monitor mon = (Monitor) e.getSource();
    System.out.print(" Network started for ");
    if (mon.isLearning())
        System.out.println(" training. ");
    else
        System.out.println(" interrogation. ");
}
//训练结束时输出信息,实现 NeuralNetListener 接口函数
public void netStopped(NeuralNetEvent e){
    Monitor mon = (Monitor) e.getSource();
    if (mon.getGlobalError() < this.givenRMSE)
        nnet.stop();
    System.out.println(" Network stopped. Last RMSE = "
        + mon.getGlobalError());
}
//训练中出错时输出信息,实现 NeuralNetListener 接口函数
public void netStoppedError(NeuralNetEvent e,String error){
```

```
        System.out.println("Network stopped due the following error: " + error);
    }
//获取输入序列的最大值最小值,用于归一化
public double[] getMaxMin(double[] array){
    double tempmax = StatUtils.max(array);
    double tempmin = StatUtils.min(array);;
    return new double[]{tempmax,tempmin};
}
//归一化函数
public double[][] scaledToRange(double[][] array, double max, double min){
    int i = 1;
    int j = 1;
    for (i = 1; i <= array.length; i++){
    for (j = 1; j <= array[i-1].length; j++){
        array[i-1][j-1] = (array[i-1][j-1] - min)/(max - min);
        }
      }
    return array;
    }
}
```

调用方法:

```
public static void main(String[] args) {
    /*
     设置输入序列数据为 aligneddata;
     设置样本长度 sampledatalen、样本数量 samplenum
    */
    /*
    建立 BP 神经网络模型对象 rbpmdl,设置输入层、隐藏层1、隐藏层2 和输出层单元数量
    分别为 100、20、20 和 100,最大迭代次数 1000,误差收敛条件 10⁻⁶
    */
    RBPANNModel rbpmdl = new RBPANNModel(100, new int[]{20,20},100, sample-
num,120,0,0,1000,1e-6);
    //初始化神经网络
    rbpmdl.initNeuralNet();
    //初始化样本数据
    rbpmdl.initDataSample(aligneddata);
    //开始训练
    rbpmdl.train();
```

```
    //序列化输出模型
    rbpmdl.saveNeuralNet("BPmodel.snet");
}
```

11.3 TensorFlow 深度学习框架与 GAN 网络

11.3.1 TensorFlow

TensorFlow 是谷歌开源的一个计算框架,该计算框架可以很好地实现各种深度学习算法。其命名来源于本身的运行原理。张量(tensor)意味着 N 维数组,流(flow)意味着基于数据流图的计算,TensorFlow 为张量从流图一端运动到另一端的计算过程。TensorFlow 是将复杂数据结构传输至人工智能神经网络中进行分析和处理过程的系统。

TensorFlow 的核心组件(core runtime)包括:分发中心(distributed master)、执行器(dataflow executor/worker service)、内核应用(kernel implementation)和最底端的设备层(device layer)/网络层(networking layer)。

分发中心从输入的数据流图中剪取子图(subgraph),将其划分为操作片段并启动执行器。分发中心处理数据流图时会进行预设定的操作优化,包括公共子表达式消去(common subexpression elimination)、常量折叠(constant folding)等。

执行器负责图操作(graph operation)在进程和设备中的运行、收发其他执行器的结果。分布式 TensorFlow 拥有参数器(parameter server)以汇总和更新其他执行器返回的模型参数。执行器在调度本地设备时会选择进行并行计算和 GPU 加速。

内核应用负责单一的图操作,包括数学计算、数组操作(array manipulation)、控制流(control flow)和状态管理操作(state management operations)。内核应用使用 Eigen 执行张量的并行计算、cuDNN 库等执行 GPU 加速、gemmlowp 执行低数值精度计算,此外用户可以在内核应用中注册额外的内核(fused kernels)以提升基础操作,如激励函数和其梯度计算的运行效率。

单进程版本的 TensorFlow 没有分发中心和执行器,而是使用特殊的会话应用(session implementation)联系本地设备。TensorFlow 的 C 语言 API 是核心组件和用户代码的分界,其他组件/API 均通过 C 语言 API 与核心组件进行交互。

11.3.2 TensorFlow 基本概念

张量是 TensorFlow 的核心数据单位,在本质上是一个任意维的数组。可用的张量类型包括常数、变量、张量占位符和稀疏张量。张量的秩是它的维数,而它的形状是一个整数元组,指定了数组中每个维度的长度。张量按 NumPy 数组的方式进行切片和重构。TensorFlow 无法直接评估在函数内部或控制流结构内部定义的张量。如果张量取决于队列中的值,那么只有在某个项加入队列后才能评估。

变量是可以通过操作改变取值的特殊张量。变量必须初始化后才可使用,低阶 API 中定义的变量必须明确初始化,高阶 API 例如 Keras 会自动对变量进行初始化。TensorFlow 可以在 tf.Session 开始时一次性初始化所有变量,对于自行初始化变量,在 tf.Variable 上运行的 tf.get_variable 可以在定义变量的同时指定初始化器。Tensorflow 提供变量集合以储存不同类型的变量,默认的变量集合包括:本地变量(tf.GraphKeys.LOCAL_VARIABLES)、全局变量(tf.GraphKeys.GLOBAL_VARIABLES)、训练梯度变量(tf.GraphKeys.TRAINABLE_VARIABLES)。

TensorFlow 在数据流编程下运行:首先使用数据流图(tf.Graph)表示计算指令间的依赖关系;然后依据图创建会话(tf.Session)并运行图的各个部分。tf.Graph 包含了图结构与图集合两类相关信息,其中图结构包含图的节点(tf.Operation)和边缘(张量)对象,表示各个操作组合在一起的方式,但不规定它们的使用方式,类似于汇编代码;图集合是在 tf.Graph 中存储元数据集合的通用机制,即对象列表与键(tf.GraphKeys)的关联。例如当用户创建变量时,系统将其加入变量集合,并在后续操作中使用变量集合作为默认参数。

构建 tf.Graph 时将节点和边缘对象加入图中不会触发计算,图构建完成后将计算部分分流给 tf.Session 实现计算。tf.Session 拥有物理资源,通常于 Python 的 with 代码块中使用,在离开代码块后释放资源。在不使用 with 代码块的情况下创建 tf.Session,应在完成会话时明确调用 tf.Session.close 结束进程。调用 Session.run 创建的中间张量会在调用结束时或结束之前释放。tf.Session.run 是运行节点对象和评估张量的主要方式,tf.Session.run 需要指定 fetch 并提供供给数据(feed)字典,用户也可以指定其他选项以监督会话的运行。这里使用低阶 API 以批量梯度下降的线性回归为例展示 tf.Graph 的构建和 tf.Session 的运行。

11.3.3 构建 GAN 模型

TensorFlow 支持多种客户端语言下的安装和运行。截至版本 1.12.0,绑定完成并支持版本兼容运行的语言为 C 和 Python,其他(试验性)绑定完成的语言为 JavaScript、C++、Java、Go 和 Swift,依然处于开发阶段的语言包括 C#、Haskell、Julia、Ruby、Rust 和 Scala。下面介绍采用 Python 语言实现的 GAN 网络并用于遥测数据异常检测的代码:

```
import datetime
import warnings
import numpy as np
```

```
import pandas as pd
import matplotlib.pyplot as plt
import tensorflow as tf
from datetime import datetime,timedelta
from sklearn.ensemble import IsolationForest
from sklearn.preprocessing import MinMaxScaler
from sklearn.metrics import classification_report,confusion_matrix,accuracy_score
from pickle import dump,load
#忽略警告信息
warnings.filterwarnings('ignore')
"""
各个依赖库的版本
执行环境 python-3.5
numpy:1.16.4
pandas:0.23.4
matplotlib:3.0.1
tensorflow:1.5.0
sklearn:0.20.0
```

脚本流程：
读取数据 → 剔除数据异常值 → 构建等时序列 → 数据归一化 → 切分训练测试集
训练模型 → 鉴别器预测 → 生成器预测
在每个流程种会绘制相应图。
GAN属于无监督模型，属于生成式模型，模型结果存在一定的不可控性。

脚本生成文件说明：
logs →存放训练结果，其中 Step 是训练迭代次数，每次迭代 1000 次会绘制生成器生成序列与真实序列的曲线图，ckpt 后缀文件是保存的模型文件，train_step_num 是总迭代次数，可自行设定。

特别说明：
1. 原始数据序列，数据有多少，序列就有多长
2. 抽样序列，从原始序列当中随机抽取一定长度的序列，即 seq_len 大小，可设置，但不可超过原始序列长度
3. 等时间间隔长度，即 time_distance，和原始序列无关，是自行定义一个等时间间隔的序列，因此值可自定义，同样最大间隔不可大于序列长度，
　　以此序列当中的时间点去原始序列查找最近的时间点下的值。
"""
std=MinMaxScaler()

```python
iso = IsolationForest(contamination = 0.1)
tf.logging.set_verbosity(tf.logging.INFO)
time_distance = 60   #等数据间隔

def read_data(file_name_):
    """从文件中读取数据

    Args:
        file_name_;#读取文件名

    Return:
    """
    global df,train_df,test_df
    df = pd.read_csv(file_name_,encoding = "gbk",header = None).iloc[:,0:2].\
        rename(columns = {0:"time",1:"value"})
    #查看所有点
    plt.plot(df.time,df.value)
    plt.title("Source Data")
    plt.show()
    print("是否剔除异常值? Y/N")
    inputs_raw = input()
    if inputs_raw = = "Y":
        #发现异常点,剔除异常点
        anomaly_detection(df)
        plt.plot(df.value)
        plt.title("Remove anomaly point Data")
        plt.show()
    else:
        pass
    #获取等时间间隔下数据
    start_time = min(df.time).split(".")[0]
    end_time = max(df.time).split(".")[0]
    df = get_series_func(start_time,end_time,time_distance)
    plt.plot(df.value)
    plt.title("Same series Data")
    plt.show()
    #数据归一化
    std.fit(df[["value"]])
    #查看归一化后的数据分布,输入数据归一化到 -1 ~ 1
```

```python
    cut_point = int(0.7 * len(df))    #取序列长度前80%作为训练序列,后20%作为测试序列
    train_df = std.transform(df.iloc[:cut_point,1:]) * 2 - 1
    test_df = std.transform(df.iloc[cut_point:,1:]) * 2 - 1
    plt.plot(train_df)
    plt.title("Train series data")
    plt.show()
    plt.plot(test_df)
    plt.title("test series data")
    plt.show()

def arg_std(tdf):
    """反归一化
    :param tdf:输入归一化序列
    :return:恢复原有序列
    """
    return ((tdf * (std.data_max_ - std.data_min_) + std.data_min_) + 1) / 2

def anomaly_detection(source_df):
    """异常检测,用IsolationForest算法做异常检测,以异常点前后两点均值替换异常点

    :param source_df:未剔除异常的原始数据
    :return:剔除异常值后的数据框
    """
    iso.fit(source_df[["value"]])
    anomaly_index = np.where(iso.predict(source_df[["value"]]) == -1)[0]
    for i in anomaly_index:
        if i == 0:
            #若异常值为0索引,则用后一个值替换
            source_df.value[i] = source_df.value[i + 1]
        elif i == (len(source_df) - 1):
            #若异常值为序列长度索引,则用前一个值替换
            source_df.value[i] = source_df.value[i - 1]
        else:
            #在序列当中的索引,则用前后均值替换
            source_df.value[i] = (source_df.value[i - 1] + source_df.value[i + 1]) / 2

def get_series_func(start_time,end_time,time_d):
    """从原始序列中获取等时间间隔序列
```

```
    :param start_time:自定义选取一个起始时间
    :param end_time:自定义选取一个结束时间
    :param time_d:两个时间点间隔
            eg:对于序列 1,5,10,12,其间隔为 5,则 time_d = 5
    :return:选取等时间间距后的序列
    """
    start_time = datetime.strptime(start_time,"%Y-%m-%d %H:%M:%S")
    end_time = datetime.strptime(end_time,"%Y-%m-%d %H:%M:%S")
    seq_length = int(np.floor((end_time - start_time).total_seconds() / time_d))
    time_series = []
    for _ in range(seq_length):
        time_series.append(start_time)
        start_time += timedelta(seconds = time_d)
    new_value = []
    for t in time_series:
        index = np.argmin(
            [abs((t - datetime.strptime(dt.split(".")[0],"%Y-%m-%d %H:%M:%S")).total_seconds())
            for dt in df.time]
        )
        new_value.append(df.iloc[index,1])
    return pd.DataFrame({"time":time_series,"value":new_value})


def get_sin_batch(batch_size_,sequence_len):
    """定义抽样函数,抽样 sin 函数

    Args:
        batch_size_:批样本大小
        sequence_len:截取序列长度
    """
    res = []
    for b in range(batch_size_):
        random_index = np.random.randint(0,len(df) - sequence_len)
        res.append(np.sin(np.arange(0,100,0.01))[0 + random_index:seq_len + random_index])
    return np.array(res).reshape([batch_size_, -1,1])
```

```python
def get_batch(batch_size_,sequence_len,mode):
    """定义抽样函数

    Args:
        batch_size_:批样本大小
        sequence_len:截取序列长度
        mode:获取批次数据模式
    """
    res=[]
    if mode=="train":
        for b in range(batch_size_):
            random_index=np.random.randint(0,len(train_df)-sequence_len)
            res.append(train_df.ravel()[0+random_index:sequence_len+random_index])
    elif mode=="test":
        for b in range(batch_size_):
            random_index=np.random.randint(0,len(test_df)-sequence_len)
            res.append(test_df.ravel()[0+random_index:sequence_len+random_index])
    return np.array(res).reshape([batch_size_,-1,1])

def generator(input_noise,is_train=True):
    """定义生成器

    Args:
        input_noise:输入随机序列
        is_train:该层是否可训练

    Return:
        logits 生成器输出,tf.nn.tanh(logits) 生成器映射到 tanh 函数值上

    """
    with tf.variable_scope('generator',reuse=not is_train):
        lstm_cell=tf.nn.rnn_cell.LSTMCell(
            64,
            name="lstm_cell",
            initializer=tf.random_uniform_initializer(-1,1))
        outputs,_=tf.nn.dynamic_rnn(cell=lstm_cell,inputs=input_noise,dtype=tf.float32)
        batch_layer_1=tf.layers.batch_normalization(outputs)
```

```python
        logits = tf.layers.dense(units=1,inputs=batch_layer_1,
                    kernel_initializer=tf.random_uniform_initializer(-1,1))
        return logits,tf.nn.tanh(logits)


    def discriminator(inputs_sequence,reuse=False):
        """定义判别器

        Args:
            inputs_sequence:输出的序列
        Return:
            logits判别器输出,tf.nn.sigmoid(logits)判别器映射到sigmoid函数上的概率
        """
        with tf.variable_scope('discriminator',reuse=reuse):
            conv1d_layer_1 = tf.layers.conv1d(
                inputs=inputs_sequence,filters=64,kernel_size=7,padding="Valid",name="conv1d_layer_1"
            )
            batch_layer_1 = tf.layers.batch_normalization(conv1d_layer_1)
            conv1d_layer_2 = tf.layers.conv1d(
                inputs=batch_layer_1,filters=32,kernel_size=5,padding="Valid",name="conv1d_layer_2"
            )
            batch_layer_2 = tf.layers.batch_normalization(conv1d_layer_2)
            flatten = tf.layers.flatten(batch_layer_2)
            logits = tf.layers.dense(units=1,inputs=flatten,activation=tf.nn.leaky_relu)
            return logits,tf.nn.sigmoid(logits)


    def train():
        """模型序列函数

        :return:
        """
        inputs_z = tf.placeholder(shape=(None,seq_len,1),dtype=tf.float32)
        inputs_real = tf.placeholder(shape=(None,seq_len,1),dtype=tf.float32)
```

```python
        g_logits,g_output = generator(inputs_z,is_train = True)
        d_logits_real,d_prob_real = discriminator(inputs_real)
        d_logits_fake,d_prob_fake = discriminator(g_output,reuse = True)
        #定义损失函数
        d_loss_real = tf.reduce_mean(
            tf.nn.sigmoid_cross_entropy_with_logits(
                logits = d_logits_real,labels = tf.ones_like(d_logits_real) * (1 - smooth)))
        tf.summary.scalar("d_loss_real",d_loss_real)

        d_loss_fake = tf.reduce_mean(
            tf.nn.sigmoid_cross_entropy_with_logits(
                logits = d_logits_fake,labels = tf.zeros_like(d_logits_fake) * (1 - 0.0)))
        tf.summary.scalar("d_loss_fake",d_loss_fake)

        d_loss = d_loss_real + d_loss_fake
        tf.summary.scalar("d_loss",d_loss)

        g_loss = tf.reduce_mean(
            tf.nn.sigmoid_cross_entropy_with_logits(
                logits = d_logits_fake,labels = tf.ones_like(d_logits_fake)) * (1 - smooth))
        tf.summary.scalar("g_loss",g_loss)
        #定义优化器
        g_optimizer = tf.train.AdamOptimizer(0.001).minimize(g_loss)
        d_optimizer = tf.train.AdamOptimizer(0.001).minimize(d_loss)
        saver = tf.train.Saver()
        timestamp = "{0:%Y-%m-%dT%H-%M-%S/}".format(datetime.now())
        log_dir = 'logs/' + timestamp
        #调用读取数据函数
        read_data(file_name)
        with tf.Session() as sess:
            writer = tf.summary.FileWriter(log_dir,graph = sess.graph)
            all_merge = tf.summary.merge_all()
            sess.run(tf.global_variables_initializer())
            tf.logging.info("Start Training…")
            for step in range(train_step_num):
                inputs_seq = get_batch(batch_size,seq_len,"train")
                inputs_noise = np.random.uniform(-1,1,size = (batch_size,seq_
```

```python
len,1))
                feed_dict = {
                    inputs_real:inputs_seq,
                    inputs_z:inputs_noise
                }
                summary = sess.run(all_merge,feed_dict = feed_dict)
                _,d_fake,d_real = sess.run([d_optimizer,d_prob_fake,d_prob_real],feed_dict = feed_dict)
                _,generator_seq = sess.run([g_optimizer,g_output],feed_dict = feed_dict)
                writer.add_summary(summary,step)
                if step % 1000 = =0:
                    #绘制比较真实的序列和生成序列图
                    #横坐标是序列长度,纵坐标是序列的值,取值范围在(-1,1)
                    # step:训练迭代次数
                    # fake:鉴别器预测生成序列概率,红色曲线
                    # real:鉴别器预测真实输入序列概率,蓝色曲线
                    p1, = plt.plot(generator_seq[0],color = "r")
                    p2, = plt.plot(inputs_seq[0],color = "b")
                    plt.legend(handles = [p1,p2],labels = ["fake","real"],loc = "best")
                    plt.title("step {},fake {},real {}".format(
                        step,d_fake.round(4)[0],d_real.round(4)[0]))
                    plt.savefig("logs/step_{}.png".format(step))   #输出训练过程
                    plt.close()
                    saver.save(sess,"logs/gan.ckpt")  #保存的模型文件,无法直接打开
        #模型鉴别器评估
        discriminator_eval(sess)

    def discriminator_eval(sess,threshold = 0.5):
        """鉴别器评估,以鉴别器预测整个序列是否属于原始序列,预测结果为对整个序列的概率,非序列中某个值的概率

        Args:
            threshold:设置预测阈值,默认0.5,即任务大于0.5序列为真,小于0.5序列为假

        :return:鉴别器预测序列结果,概率值,取值范围在(0,1)
```

```
"""
    #对测试样本进行预测
    test_inputs_seq = get_batch(test_num,seq_len,mode = "test")
    y_true_1 = np.full(fill_value = 1,shape = (test_num,))
    predict_prob_1 = sess.run('discriminator/Sigmoid:0',feed_dict = {'Placeholder_1:0':test_inputs_seq})
    for i,seq in enumerate(test_inputs_seq[0:3]):
        plt.plot(seq)
        plt.title("discriminator predict test series probably:{}".format(round(predict_prob_1[i][0],4)))
        plt.show()


    #对正弦曲线进行预测
    sin_inputs_seq = get_sin_batch(test_num,seq_len)
    y_true_2 = np.full(fill_value = 0,shape = (test_num,))
    predict_prob_2 = sess.run('discriminator/Sigmoid:0',feed_dict = {'Placeholder_1:0':sin_inputs_seq})
    for i,seq in enumerate(sin_inputs_seq[0:3]):
        #plt.plot(seq)
        plt.title("discriminator predict sin series probably:{}".format(round(predict_prob_2[i][0],4)))
        #plt.show()
    #对随机序列进行预测
    noise_inputs_seq = np.random.uniform(-1,1,size = (test_num,seq_len,1))
    y_true_3 = np.full(fill_value = 0,shape = (test_num,))
    predict_prob_3 = sess.run('discriminator/Sigmoid:0',feed_dict = {'Placeholder_1:0':noise_inputs_seq})
    for i,seq in enumerate(noise_inputs_seq[0:3]):
        #plt.plot(seq)
        plt.title("discriminator predict noise series probably:{}".format(round(predict_prob_3[i][0],4)))
        #plt.show()
    #输出模型对序列鉴别评估
    y_true = np.hstack((y_true_1,y_true_2,y_true_3))
    y_pred = np.hstack((predict_prob_1.ravel(),predict_prob_2.ravel(),predict_prob_3.ravel()))
    y_pred = np.where(y_pred > threshold,1,0)
    print("模型预测准确率:\\n{}".format(accuracy_score(y_pred = y_pred,y_
```

```python
true=y_true)))
        print("混淆矩阵:\\n {}".format(confusion_matrix(y_pred=y_pred,y_true=y_true)))
        print(classification_report(y_pred=y_pred,y_true=y_true))


    def discriminator_predict(sess,sequence,sequence_len):
        """对输入的整个序列进行预测,若输入序列为空,则使用原序列进行预测

        :param sess:输入会话 sess
        :param sequence:输入整个序列,默认 None,对原序列进行预测
        :param sequence_len:输入样本序列长度
        :return:
        """
        global df
        if sequence is None:
            sequence = (std.transform(df[["value"]]) * 2 - 1).ravel()
        else:
            sequence = (std.transform(sequence) * 2 - 1).ravel()
        n = int(len(sequence) / sequence_len)   #整个序列长度整除样本序列,得到待预测样本数量
        for i in range(n):
            sample_sequence = pd.Series(sequence[i * seq_len:(i + 1) * seq_len])
            sample_sequence.index = [index for index in range(i * seq_len,(i + 1) * seq_len)]
            predict_prob = sess.run(
                'discriminator/Sigmoid:0',
                feed_dict = {'Placeholder_1:0':sample_sequence.values.reshape((-1,seq_len,1))})
            plt.plot(sample_sequence)
            plt.title("discriminator predict series {} - {} probably:{}".format(
                i * seq_len,(i + 1) * seq_len,round(predict_prob[0][0],4))
            )
            plt.show()


    def generator_predict(sess):
        """生成器预测
```

```
        生成器输入真实序列,生成序列
        生成器输入随机序列,生成序列
        :param:sess:输入启动session
        :return:
    """
        test_inputs_seq = get_batch(1,seq_len,mode = "test")
        inputs_noise = np.random.uniform( -1,1,size = (1,seq_len,1))
        g_seq_1 = sess.run('generator/Tanh:0',feed_dict = {'Placeholder:0':
test_inputs_seq})
        g_seq_2 = sess.run('generator/Tanh:0',feed_dict = {'Placeholder:0':
inputs_noise})
        #绘制生成比较真实的序列和生成序列图
        #横坐标是序列长度,纵坐标是序列的值,取值范围在( -1,1)
        # gen_1:以真实序列作为输入 - - > 生成序列,红色曲线
        # gen_2:以随机序列作为输入 - - > 生成序列,绿色曲线
        # real:真实的测试序列,蓝色曲线
        p1, = plt.plot(g_seq_1[0],color = "r")
        p2, = plt.plot(g_seq_2[0],color = "g")
        p3, = plt.plot(test_inputs_seq[0],color = "b")
        plt.title("Generator predict result")
        plt.legend(handles = [p1,p2,p3],labels = ["gen_1","gen_2","real"],loc
= "best")
        plt.show()

    if __name__ == '__main__':
        file_name = "_503.txt"
        batch_size = 64    #训练批次
        smooth = 0.1    #平滑真实样本系数
        train_step_num = 1000    #训练迭代次数
        seq_len = 200    #序列长度
        test_num = 10    #测试批次大小
        train()    #执行训练
        tf.reset_default_graph()    #图重置
        saver_ = tf.train.import_meta_graph("logs/gan.ckpt.meta")
        with tf.Session() as session:
            saver_.restore(session,tf.train.latest_checkpoint("logs/"))
            discriminator_predict(session,sequence = None,sequence_len = seq_
len)    #鉴别器的预测
            #generator_predict(session)    #生成器的预测
```

11.4 本章小结

本章主要介绍了书中的机器学习算法在 Python、Java 和 Tensorflow 等软件平台上的实现方式及代码,详细分析了不同平台下的新功能模块以及使用方法,给出了开发实践中的一些常见的问题和使用策略,对典型代码示例的含义进行了描述。以上三种软件平台仍是目前流行的智能化算法开发框架。实际工程中,不论采用何种机器学习模型进行异常检测,对机器学习模型参数的深度调优仍是最为关键的工作,希望读者能够自行深入研究机器学习代码,加深对其内部实现原理的理解。

参考文献

[1] FRANCOIS CHOLLET. Python 深度学习[M]. 2 版. 北京:人民邮电出版社,2022.
[2] RAHUL RAJ. 基于 Java 的深度学习[M]. 北京:中国电力出版社,2021.
[3] YUSUKE SUGOMORI. 深度学习:Java 语言实现[M]. 北京:机械工业出版社,2017.
[4] 吴茂贵,王冬,李涛,等. Python 深度学习:基于 TensorFlow[M]. 北京:机械工业出版社,2019.
[5] 龙良曲. TensorFlow 深度学习:深入理解人工智能算法设计[M]. 北京:清华大学出版社,2020.

第 12 章 结　语

12.1　研究工作总结

　　本书主要围绕航天器电源分系统遥测参数处理、卫星单参数和多参数的异常检测三个研究点,对卫星遥测数据的特性和处理方法、单参数的异常检测方法和多参数的异常检测方法进行了深入研究,对生成式对抗网络模型在卫星电源状态异常检测中的应用进行了初步论证和探索。在对卫星进行异常状态检测的基础上对异常检测进行了更加深入的介绍,这有助于提升卫星状态异常检测的灵敏度、可靠性和准确能力等。本书主要的研究工作和取得的成果如下。

　　(1)建立了基于动态阈值的包括朴素贝叶斯、BP 神经网络、随机森林三种机器学习模型和长短期记忆网络深度学习模型,通过对遥测数据前后时序关系的建模,在模型分类误差基础上实现了遥测参数动态阈值生成技术。通过对比不同机器学习模型的学习速度和分类准确度,结果显示 BP 神经网络具有更高的准确度,而朴素贝叶斯算法则具有更快的建模速度。在典型的周期型稳态参数和周期递进型参数上进行了方法测试,获得了良好的动态阈值生成效果。长短时记忆网络模型表现出了更好的学习效果,并实现了单参数的异常状态检测。

　　(2)提出了一种新的基于 GAN 的卫星异常检测方法,该方法通过对卫星参数进行学习训练,通过 GAN 生成器和鉴别器的相互博弈,使鉴别器能够鉴别出参数的异常状态。经过试验证明,GAN 模型可以检测出卫星参数的异常。

　　(3)研究了卫星电源分系统遥测数据阈值内异常模式检测问题,利用时态边缘算子获取卫星电源遥测时间序列数据的分段线性模式表示,基于模式密度的模式异常定义,用"异常因子"来衡量时间序列模式在特征空间中的异常程度,给出了一种基于边缘算子的遥测数据时间序列模式异常检测算法,并通过模拟数据和卫星实测数据对算法的有效性进行了验证。

　　(4)研究了基于 Rint 模型的卫星蓄电池内阻评估方法,并利用在轨数据对此方法进行检验和分析;分析比较常用电源等效电路模型,提出基于 Thevenin 模型的蓄电池多个重要参数评估方法,使用最小二乘法对蓄电池参数进行辨识及计算,使用真实在轨数据对模型进行适用性分析,进而对某在轨卫星蓄电池重要参数进行评估分析。

相关工作可为卫星遥测参数的异常检测应用和蓄电池管理提供理论依据和技术支持,为卫星在轨异常检测提高灵敏度、降低误报率,以及提升卫星蓄电池日常管理的可靠性和安全性等提供了可行的技术方案。

12.2 下一步工作展望

基于遥测数据的卫星异常检测可以在故障发生前实现对卫星状态的实时监测,从而确保卫星可以安全稳定运行。该项技术在近几年有着突飞猛进的发展,同时在轨卫星健康管理也对其有着更高的要求,特别是在全系统、全参数监测方面有着迫切的需求,此项工作极具挑战性。由于笔者学习研究时间有限,加之自身能力的不足,现阶段还有许多问题亟待进一步解决。

(1)目前卫星电源系统异常检测方法的时效性和准确率还不高。寻找一种稳定的、快速的的卫星电源系统异常检测方法成为一项迫切的需求。

(2)本书中对卫星单参数的异常检测的研究,是在机器学习技术的基础上进行建模和应用。但是在模型的设计和调试阶段还存在不足,异常检测是在空间传播过程中无退相干和损耗的理想假设下进行的,退相干和传播损耗等因素的影响需要进一步深入研究。

(3)对整个卫星系统认识深度有限,导致对数据资源的利用不充分,高效的、可操作性强的异常检测方案仍需进一步研究设计。

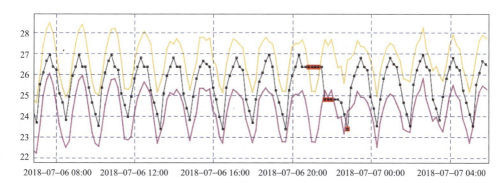

图 4-3　某卫星蓄电池组电压预动态阈值

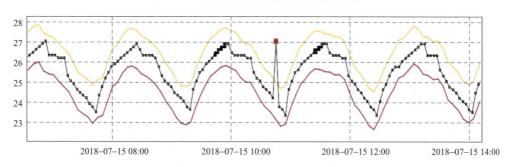

图 4-4　预测值与实际值对比图

图 4-5　模型残差变化图

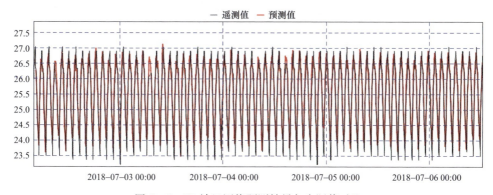

图 4-6　BP 神经网络预测结果与实际值对比

彩1

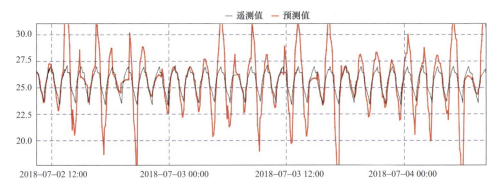

图 4-7 RBF 神经网络预测结果与实际值对比

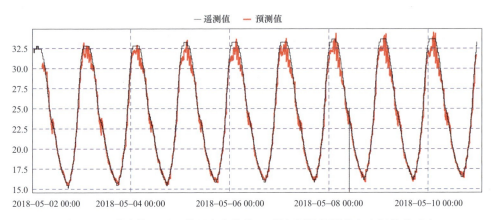

图 4-12 某高轨卫星 B 某温度参数的 BP 神经网络预测值与实际值的对比

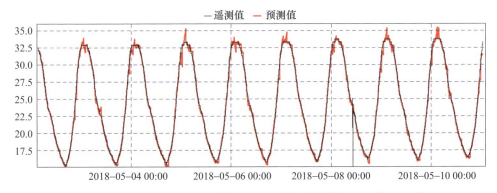

图 4-14 某高轨卫星 B 某温度参数的 BP 神经网络预测值与实际值(一阶差分后)

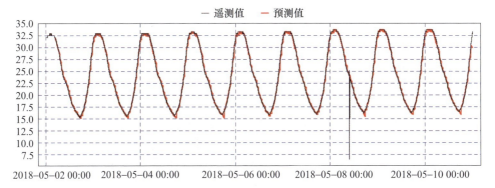

图 4-16 某高轨卫星 B 某温度参数的 RBF 神经网络预测值与实际值（一阶差分后）

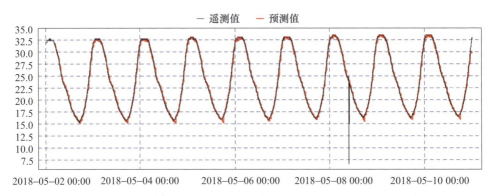

图 4-17 某高轨卫星 B 某温度参数的支持向量机预测值与实际值（一阶差分后）

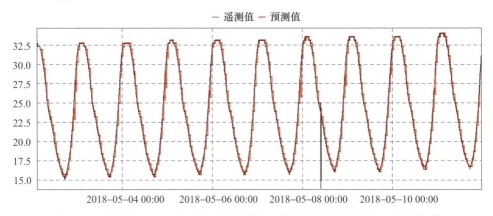

图 4-18 某高轨卫星 B 某温度参数的随机森林预测值与实际值（一阶差分后）

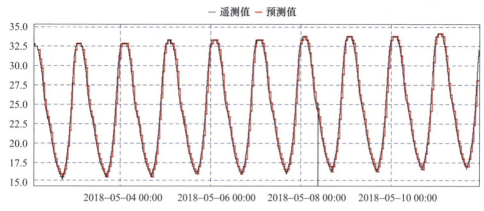

图 4-19 某高轨卫星 B 某温度参数的朴素贝叶斯预测值与实际值（一阶差分后）

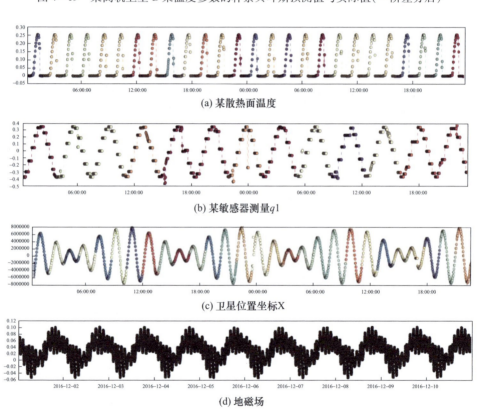

(a) 某散热面温度

(b) 某敏感器测量 $q1$

(c) 卫星位置坐标 X

(d) 地磁场

图 5-4 典型周期参数曲线

彩4

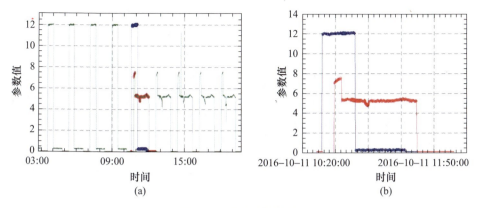

图 5-6 典型检测结果

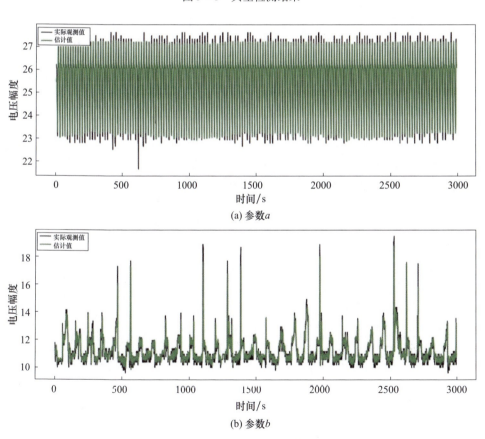

图 6-7 LSTM 实际观测值与估计值的对比

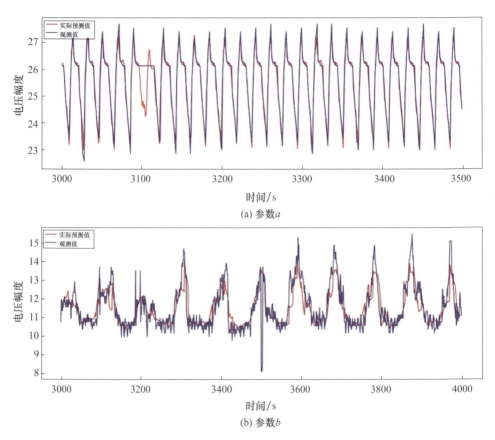

(a) 参数a

(b) 参数b

图 6-8 LSTM 模型预测值与实际观测值的对比

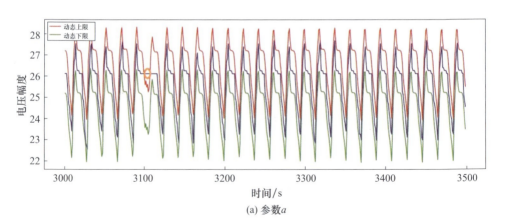

(a) 参数a

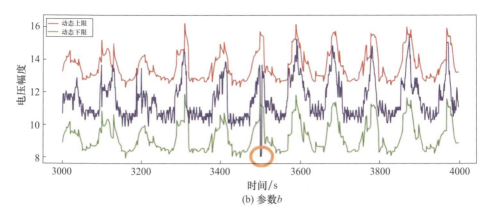

(b) 参数 b

图 6-9 部分时间区间的检测效果

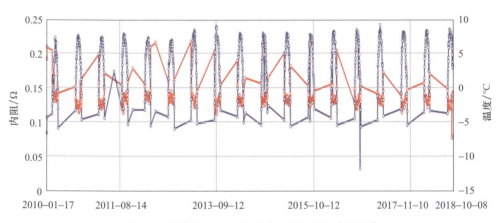

图 9-8 某高轨卫星 C 蓄电池 1 内阻和温度的变化

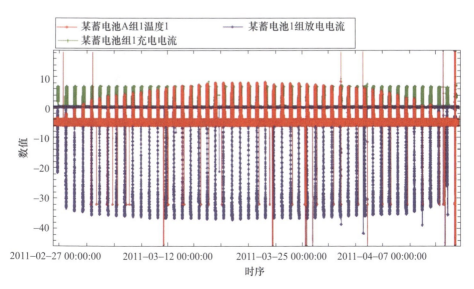

图 9-10 某高轨卫星 C 蓄电池 1 一个典型影季内电流与温度变化

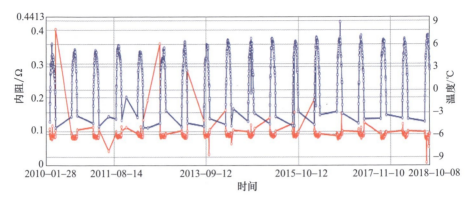

图 9-15　C 星蓄电池 2 内阻和温度的变化

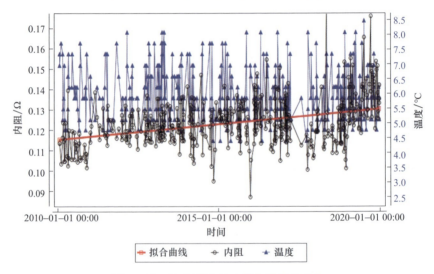

图 9-19　Ha 星蓄电池内阻和温度的变化

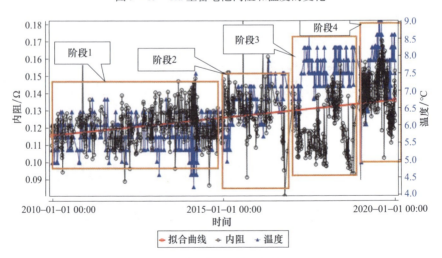

图 9-20　Hb 星蓄电池内阻和温度的变化